PREMIÈRES LEÇONS

SUR LES

ANIMAUX SAUVAGES

Paris. — Imprimerie de G. GRATIOT, rue Mazarine, 30.

PREMIÈRES LEÇONS

SUR LES

ANIMAUX SAUVAGES

OU

EXPLICATION DES 10 IMAGES

QUI LES REPRÉSENTENT

À L'USAGE DES SALLES D'ASILE

PAR

M. BATTEL

Ancien rédacteur de l'Ami de l'Enfance, journal des Salles d'asile
Chef de division à l'administration générale de l'Assistance publique

PARIS

LIBRAIRIE DE L. HACHETTE ET Cⁱᵉ

RUE PIERRE-SARRAZIN, Nᵒ 14

(Près de l'École de médecine)

1857

OBSERVATIONS PRÉLIMINAIRES.

Il nous paraît nécessaire de donner ici aux maîtres quelques conseils sur l'usage qu'ils doivent faire de ces descriptions et sur la manière de les mettre à la portée d'intelligences encore peu développées.

On s'abuserait étrangement si l'on pensait qu'il suffit de montrer aux petits enfants l'image d'un animal et de leur lire en même temps l'article qui le concerne. Quelques efforts que nous ayons pu faire, il nous a paru impossible d'employer un langage assez simple pour être compris par eux sans commentaire. Pourrait-on, par exemple, écrire deux lignes sur le lion sans parler de sa férocité ? Eh bien ! cette expression est inintelligible pour des enfants dont les plus âgés ont à peine six ans. Il est donc indispensable que le maître explique et définisse ce mot, qu'il donne à sa définition tout le développement nécessaire pour qu'il puisse rester dans l'esprit de l'enfant une idée claire et précise de ce qu'on a voulu lui dire. Pour les enfants, la plupart des mots sont choses abstraites qui ne présentent aucun sens ; il faut donc leur inculquer en même temps les idées qu'ils expriment, si l'on veut qu'il en reste des traces dans leur esprit ; car, sans cela, les mots ne seraient pour eux qu'un son fugitif, sans valeur, sans signification, et la leçon manquerait son objet. Afin de nous faire bien comprendre, nous allons, à propos du lion, indiquer la méthode qui nous paraît devoir être suivie pour atteindre le but qu'on se propose. Nous ne pourrions en faire autant pour chaque animal, sans étendre cet ouvrage outre mesure. Cet exemple devra suffire pour diriger les maîtres dans les explications à donner sur tous les autres animaux.

« Mes enfants, cette image, que je vous montre, c'est...... » (Ici le maître fait une pause, qui fixe l'attention des enfants.) Ils ne tardent pas à répondre : « C'est le lion, » soit parce qu'ils lisent le nom de l'animal au bas de la gravure qui le représente, soit parce qu'elle leur a déjà été montrée et qu'ils en ont conservé le souvenir. Il est bien de cacher, de temps en temps, l'inscription, afin de les habituer à reconnaître les objets par leurs formes.

« Le lion est un animal féroce : c'est ainsi qu'on

désigne ceux qui aiment le sang, le carnage, qui poursuivent, attaquent les autres animaux, et même l'homme, pour les tuer et les manger. Eh bien ! parmi les bêtes, celle qui est le plus à craindre pour les autres, c'est le lion, parce qu'il est le plus fort. C'est à cause de l'avantage et de la supériorité que lui donne sa force qu'on l'appelle le *roi des animaux.* Cela ne veut pas dire qu'il y ait un roi parmi les animaux, ni qu'il leur commande, qu'il leur fasse faire ce qui lui convient ; mais c'est une manière d'exprimer qu'il est le premier, qu'il est au-dessus des autres par sa force et par son courage. »

Cette observation est indispensable ; car nous avons remarqué que le langage figuré, quand il n'est pas expliqué aux enfants, n'est nullement compris, ou l'est de manière à leur donner des idées fausses.

On fait sentir en quoi peut consister la beauté de la tête du lion, par comparaison avec celle des autres animaux. L'expression de sa physionomie résulte de l'assurance de son regard, et de la facilité avec laquelle il fait mouvoir la peau de sa face et celle de son front. Sa taille est bien proportionnée ; elle n'est point excessive comme celle de l'éléphant ou du rhinocéros ; elle n'est point lourde et épaisse comme celle de l'hippopotame ou du buffle, ni trop ramassée comme celle de l'ours, ni déformée par des inégalités comme celle du chameau ou du dromadaire. Il n'est chargé ni de chair ni de graisse. Il est tout nerf et tout muscle. Sa force se manifeste par les sauts et les bonds qu'il fait avec la plus grande facilité. Toutes les parties de son corps sont en rapport de vigueur et de dimension.

Le Maître fait voir, sur la gravure, que la tête, le cou et les épaules du lion sont garnis d'une crinière; que sa queue traîne à terre et se termine par une touffe de poils.

Les bonds qu'il fait, et qui sont de quinze à dix-huit pieds; les effets qu'il peut produire avec un coup de patte et un coup de queue; la facilité avec laquelle il emporte au loin les plus gros animaux, après les avoir tués, complètent les renseignements relatifs à la force musculaire du lion.

Il faut que cet animal soit pourvu d'une grande audace et d'un grand courage pour oser attaquer l'éléphant, le plus gros des quadrupèdes, armé de défenses terribles et doué d'une force prodigieuse. Ordinairement, le lion attaque son ennemi face à face; mais, quand c'est un animal de force supérieure, il emploie la ruse; il se cache, il se précipite sur sa victime, en la saisissant à l'improviste et à l'endroit qui laisse le moins de moyens de défense. Souvent, aussi, il est obligé de se cacher pour surprendre sa proie ; car il est tellement redouté, que tous les animaux prennent la fuite à son approche. S'il n'employait pas ce moyen, il serait exposé à mourir de faim.

Il y a certainement une grande différence entre la cruauté du lion et celle du tigre, puisque le tigre se précipite sur tout ce qu'il rencontre ; qu'il détruit sans nécessité, sans besoin, par la soif continuelle du sang, par la seule méchanceté de son naturel, tandis que le lion n'attaque que quand il est pressé par la faim. Il rencontre souvent de petits animaux dont il pourrait aisément faire sa proie : il les méprise, il passe à côté d'eux sans leur faire de mal ; il y a donc moins de férocité et plus de générosité dans son caractère. L'homme surpris par lui, qui se jette à terre, sans respirer, parvient quelquefois par cette ruse à tromper le lion, qui ne l'attaque pas, parce qu'il le croit mort, et qu'il n'aime pas les cadavres. Il préfère les victimes qu'il a tuées lui-même.

Une autre preuve de la noblesse du caractère de cet animal, c'est qu'il est capable d'affection, qu'il s'attache à l'homme ; qu'il fait quelquefois société avec des animaux beaucoup plus faibles que lui ; qu'on en a vu souvent vivre avec de petits chiens dans la meilleure intelligence, et témoigner la plus grande douleur lorsqu'ils en étaient séparés. Quand le lion est pris jeune, on parvient à l'apprivoiser un peu ; on n'en peut dire autant du tigre, dont la férocité ne s'adoucit jamais, puisqu'elle ne distingue rien, et qu'elle le porte quelquefois à dévorer ses propres enfants.

Le Maître continuera son commentaire suivant le même système, en ayant soin d'expliquer tout ce qui n'est pas parfaitement clair, de définir tout ce qui a besoin de l'être, d'établir des comparaisons et des différences, comme nous venons de le faire, pour la férocité du lion et pour celle du tigre. Quand il parlera de l'éléphant, il rapprochera son adresse, son instinct, son intelligence avec les qualités analogues des animaux qui en sont également doués, comme le chien, le singe, le castor. Lorsqu'il s'agira des formes des animaux, de leur couleur, des dimensions des diverses parties de leur corps, il fixera les regards des élèves sur la gravure, et les y laissera attachés pendant quelques instants. Il faut parler aux yeux en même temps qu'à l'intelligence, car les perceptions sont toujours plus durables quand elles sont arrivées par les sens. Toutefois, il est certaines explications qu'on ne doit jamais donner aux élèves. On remarquera que nous nous sommes scrupuleusement abstenu de parler de la conformation de certaines parties du corps des animaux, des différences et du rapprochement des sexes, de la gestation, de la naissance des petits; le Maître imitera notre réserve. Ce sont choses que les enfants doivent absolument ignorer, et sur lesquelles il serait on ne peut plus dangereux d'éveiller leur attention. Nous ne saurions trop recommander la plus grande circonspection à cet égard. Le Maître ne se contentera pas d'adresser des questions aux enfants ; il les invitera à lui en faire. En un mot, il ne regardera sa leçon comme complète que lorsqu'il sera certain d'avoir été compris de la plupart de ses petits élèves.

ANIMAUX SAUVAGES.

LE LION.

De tous les animaux féroces, le plus fort, le plus terrible, c'est le lion ; aussi l'appelle-t-on ordinairement *le roi des animaux*. Sa tête est grosse, belle et remplie d'expression. Les formes de son corps sont bien proportionnées. Ses pattes sont courtes et nerveuses. Sa tête, son cou et ses épaules sont garnis d'une crinière épaisse. Sa queue traîne à terre, et se termine par une touffe de poils. Sa voix est effrayante, et lorsqu'il rugit, la nuit, dans les forêts ou dans les déserts, on croirait entendre le bruit du tonnerre. Il a tant de force de corps, qu'il fait, avec la plus grande facilité, des sauts et des bonds prodigieux. D'un seul coup de son énorme patte à cinq griffes, il peut écraser la tête d'un cheval, et d'un coup de sa queue, il pourrait terrasser un homme.

Il n'est pas, à beaucoup près, aussi gros que l'éléphant ou le rhinocéros, mais il ne craint pas de les attaquer. L'éléphant le combat avec ses défenses ; lorsqu'il parvient à le saisir avec sa trompe, il le serre, l'étouffe, ou le jette à une grande distance, ou le foule aux pieds et l'écrase de sa lourde masse. Après l'éléphant et le rhinocéros, il n'y a pas d'autres animaux que le tigre et l'hippopotame qui puissent résister au lion. Quand il veut attaquer un animal d'une grande force, il tâche de le surprendre, il se cache derrière un buisson, et il attend sa proie jusqu'à ce qu'il puisse se précipiter sur elle d'un seul bond. Lorsqu'il se jette sur un buffle, il lui enfonce ses ongles dans la gorge, lui fait courber la tête contre terre, et s'attache à sa victime jusqu'à ce qu'elle expire, après avoir perdu tout son sang. Il l'emporte souvent à une grande distance pour la dévorer. Il se nourrit surtout de gazelles et de singes. On assure que la chair qu'il préfère est celle du chameau. Il mange beaucoup à la fois, et souvent pour deux ou trois jours. Il a les dents si fortes qu'il brise aisément les os, et il les avale avec la chair. On prétend qu'il supporte longtemps la faim, mais fort peu la soif. Il boit toutes les fois qu'il peut trouver de l'eau. Il lui faut, pour la nourriture d'un jour, environ quinze livres de viande crue.

Les ongles du lion sont longs, pointus et tranchants; c'est une arme puissante dont il se sert pour déchirer sa proie. Sa langue est dure comme une râpe; elle est couverte de pointes aiguës comme les griffes d'un chat; il s'en sert pour diviser la chair, qu'il avale sans la mâcher.

Lorsque le lion est en colère, il remue la peau de sa face, de son front et ses sourcils épais; sa crinière se hérisse; il bat ses flancs et la terre avec sa queue, et pousse des rugissements épouvantables. Tous les animaux s'enfuient à son approche.

Quelque terrible que soit le lion, des hommes à cheval lui donnent quelquefois la chasse avec des chiens de grande taille. On le tue à coups de fusil, mais presque jamais d'un seul coup. On le prend souvent par adresse, en le faisant tomber dans une fosse profonde, qu'on a recouverte avec de petites branches d'arbre et du gazon. On attache au-dessus un animal vivant ; le lion s'élance sur sa proie, et il se précipite de lui-même dans la fosse, sans qu'il lui soit possible de remonter. Dès qu'il est pris, il devient doux, et, si l'on profite des premiers moments, on peut facilement l'attacher, le museler, et le conduire où l'on veut.

Le lion n'est pas aussi cruel que le tigre, le léopard, la panthère, le loup et beaucoup d'autres animaux. Il ne détruit que quand il a faim : lorsqu'il a mangé, il ne fait la guerre à personne. Il ne se jette sur les hommes que lorsqu'il est attaqué. On a même remarqué qu'il suffisait que l'homme se jetât par terre, sans bouger et en retenant son haleine, pour que le lion ne lui fît aucun mal.

Le lion, lorsqu'il est pris jeune, peut s'apprivoiser jusqu'à un certain point. Il s'accoutume à vivre avec les animaux domestiques. On en a vu souvent, dans les ménageries, prendre des chiens en amitié et les traiter avec bonté. Il y en avait un, au Jardin du Roi, ayant pour compagnon un chien qui vivait très-familièrement avec lui. Tous les deux

jouaient ensemble, comme s'ils avaient été de
la même espèce. Le lion prenait le chien dou-
cement entre ses pattes et ne le blessait jamais. Souvent le chien se jetait sur la crinière du lion, lui mordait les oreilles et
jamais il n'était repoussé; quelquefois même
le lion baissait la tête et se couchait sur le dos,
pour que le chien pût jouer plus facilement
avec lui. Ce chien vint à mourir : le lion,
privé de son ami, en éprouva un grand chagrin. Il perdait l'appétit et exprimait sa tris-
tesse par de sourds mugissements. On lui
donna un autre chien, qui ressemblait au premier, et il le dévora. On en mit un troisième
dans une loge voisine : le lion s'accoutuma à
le voir à travers la grille qui les séparait, et,
au bout de quelque temps, on les mit ensemble. Le chien fut bien accueilli; le lion l'aima
jusqu'à sa mort avec la même tendresse que
le premier.

Lorsqu'on irrite le lion ou qu'on le maltraite, il s'en souvient et il s'en venge s'il en
trouve l'occasion. Mais aussi il est sensible
aux bons traitements, il obéit à son maître, et
il flatte la main qui le nourrit. On a vu le

maître d'une ménagerie entrer, tous les soirs, dans la loge d'un lion et d'une lionne qui lui appartenaient, les obliger à se coucher à ses pieds, exciter leur colère, et sortir de là, après plusieurs minutes, sans qu'ils lui eussent fait aucun mal.

On croit que le lion n'a pas l'odorat aussi fin ni les yeux aussi bons que la plupart des autres bêtes féroces. On a remarqué que la grande lumière du soleil paraît le gêner; il marche rarement dans le milieu du jour; c'est pendant la nuit qu'il fait toutes ses courses. Quand il voit des feux allumés autour des troupeaux, il n'ose pas en approcher.

La lionne est moins forte, moins courageuse et plus tranquille que le lion; mais elle devient terrible dès qu'elle a des petits. Sa hardiesse est extrême; elle ne connaît point le danger; elle se jette sur les hommes et sur les animaux qu'elle rencontre; elle leur donne la mort, se charge de sa proie, la porte et les partage à ses lionceaux, auxquels elle apprend de bonne heure à sucer le sang et à déchirer la chair. Ordinairement, elle dépose ses petits dans des endroits très-écartés et dont il est

très-difficile d'approcher. Lorsqu'elle craint
d'être découverte, elle cache la trace de son
passage en retournant plusieurs fois sur ses
pas, qu'elle efface aussi quelquefois avec sa
queue. Quand elle croit qu'on veut lui enlever ses petits, elle les transporte ailleurs; et
si on essaie de les lui prendre, elle devient
furieuse et les défend jusqu'à la dernière extrémité.

Le lion ne se rencontre que dans les pays
les plus chauds. On n'en trouve pas en Europe.
Ceux que l'on voit dans les ménageries viennent, pour la plupart, de l'Afrique.

La durée de la vie du lion est d'environ
vingt-cinq ans. Les plus grands ont de 2^m60^c à
2^m90 de longueur, depuis le mufle jusqu'au
commencement de la queue, qui est ellé-
même longue de 1^m30^c. Leur hauteur est
de 1^m30^c à 1^m60. La lionne est beaucoup
plus petite que le lion; elle n'a pas de crinière. La couleur du lion est fauve sur le
dos et blanchâtre sur les côtés. Sa chair est
d'un goût désagréable; cependant on dit que
les nègres en mangent. Sa peau leur sert de
manteau et de lit. On en fait aussi des garni-

tures de selles et des siéges de carrosse, en Europe.

Questionnaire.

Qu'est-ce que le lion? — Combien a-t-il de pattes? — Quel est le mot qu'on emploie pour désigner les animaux qui ont quatre pattes? — Pourquoi appelle-t-on le lion le *roi des animaux*? — Qu'est-ce qu'une bête féroce? — Quelle différence y a-t-il entre les animaux féroces et les animaux sauvages? — Pourquoi dit-on que la tête du lion est belle et qu'elle a de l'expression? — Qu'entend-on par les formes du corps? — Qu'est-ce que des formes proportionnées? — Qu'est-ce que la crinière? — Quelles sont les parties du corps du lion qui sont garnies de crins? — Qu'est-ce que sa queue a de remarquable? — A quoi ressemble le son de sa voix? — Comment appelle-t-on le cri du lion? — Comment juge-t-on de la force de son corps? — Quels sont les animaux plus gros que lui qu'il ose attaquer? — Quels sont ceux qui peuvent lui résister? — Comment l'éléphant combat-il le lion? — Que fait le lion quand il veut surprendre sa proie? — Qu'est-ce qu'une proie? — Qu'est-ce qu'un buisson? — De quels animaux se nourrit-il ordinairement? — Quel est celui dont il préfère la chair? — Pour combien de jours peut-il manger à la fois? — Comment juge-t-on de la force de ses dents? — Peut-il supporter également la faim et la soif? — Boit-il souvent? — Combien lui faut-il de livres de viande par jour pour sa nourriture? — Quelle est la forme de ses ongles? — A quoi lui servent-ils? — Que savez-vous de sa langue, et quel usage en fait-il? — A quels signes reconnaît-on que le lion est en colère? — Qu'entend-on par les flancs du lion? — Comment peut-il les battre avec sa queue? — Que font les autres animaux à l'approche du lion? — Pourquoi prennent-ils la fuite? — Qu'est-ce que la chasse? — Comment donne-t-on la chasse au lion? — Pourquoi ne le tue-t-on pas ordinairement d'un seul coup? — Quels moyens emploie-t-on pour le prendre? — Qu'est-ce qu'une fosse? — Que fait le lion lorsqu'il est pris? — Que signifie le mot *museler?* — Y a-t-il des animaux plus cruels que le lion? — Quels sont-ils? — Comment jugez-vous que ces animaux sont plus cruels que le lion? — Dans quelles circonstances le lion se jette-t-il sur les hommes? — Quels moyens l'homme emploie-t-il pour que le lion ne lui fasse aucun mal? — Qu'entendez-vous par *apprivoiser?* — Le lion peut-il s'apprivoiser? — S'accoutume-t-il à vivre avec d'autres animaux? — Qu'est-ce que des animaux domestiques? — Nommez-en quelques-uns. — Le loup est-il un animal domestique? — Et le chien? — Qu'est-ce qu'une ménagerie? — N'a-t-on pas vu des lions vivre avec des chiens? — Savez-vous quelques exemples de l'attachement d'un lion pour un chien? — Qu'est-ce que des rugissements? — Qu'est-ce qu'une loge? — Qu'est-ce qu'une grille? — Pourquoi le lion ne dévora-t-il pas le troisième chien comme le second? — Qu'entendez-vous par les mots *irriter* et *maltraiter?* — Qu'est-ce que *se souvenir* et *se venger?* — Que fait le lion lorsqu'on le maltraite? — Reconnaît-il son maître et lui obéit-il? — En pouvez-vous citer quelque exemple? — Qu'est-ce que l'odorat? — Le lion a-t-il l'odorat fin? — A-t-il les yeux aussi bons que les autres bêtes féroces? — Quel effet produit sur lui la lumière du soleil? — Qu'est-ce que le soleil? — Dans quel moment le lion fait-il ses courses? — Quel effet la vue du feu produit-elle sur lui? — La lionne est-elle aussi forte que le lion? — Est-elle aussi courageuse? — Que fait-elle lorsqu'elle a des petits? — Comment les nourrit-elle? — Où les dépose-t-elle? — Comment appelle-t-on les petits de la lionne? — Que fait-elle lorsqu'elle craint d'être découverte? — Quelles précautions prend-elle pour qu'on ne lui enlève pas ses petits? — Où trouve-t-on le lion? — Quelle est la durée de sa vie? — Quelle est la longueur de son corps? — Quelle est sa hauteur?

— Qu'est-ce que le mufle d'un animal? — La lionne a-t-elle une crinière comme le lion? — Qu'est-ce que la couleur fauve? — Quelle est la couleur de la peau du lion? — Quel goût a sa chair? — A quoi sert sa peau? — Qu'est-ce qu'un nègre? — Qu'est-ce qu'un manteau? — Qu'est-ce qu'une selle? — Qu'est-ce qu'un carrosse? — Vous avez parlé de l'Europe, de l'Asie et de l'Afrique; qu'entendez-vous par ces trois mots? — Qu'est-ce que les pays chauds? — Fait-il aussi chaud en Europe qu'en Asie et qu'en Afrique? — Si vous rencontriez un lion, que feriez-vous?

LE TIGRE.

[Planche 2.]

Parmi les quadrupèdes carnassiers, c'est-à-dire qui se nourrissent de chair, le lion est le premier par la force, le tigre est le second. Mais, de ces deux animaux, et même de tous les animaux féroces, le tigre est le plus à craindre. Nous avons dit que le lion n'attaquait pas l'homme, à moins d'être pressé par la faim ou d'être lui-même attaqué. Il ne donne la chasse aux autres animaux que quand il sent la nécessité de pourvoir à sa nourriture. Le tigre, au contraire, éprouve toujours le besoin de détruire; même quand il est rassasié de chair, il semble toujours avoir soif de sang. Quand il a dévoré une proie, il en déchire une nouvelle avec la même rage. Il désole, par sa cruauté, le pays qu'il habite. Il ne craint ni l'homme ni ses armes. Il égorge les troupeaux d'animaux domestiques, met à mort toutes les bêtes sauvages, attaque les petits éléphants, les jeunes rhinocéros, et quelquefois même le lion. Ordinairement, il attend, dans le voisinage des fleuves et des rivières, les animaux qui y arrivent pour se désaltérer. C'est là qu'il choisit sa proie, où plutôt qu'il se précipite sur tout ce qui se présente, car souvent il abandonne les animaux qu'il vient de tuer, pour en égorger d'autres. Il leur fend et leur déchire le corps; il y plonge sa tête pour sucer le sang, dont il n'est jamais rassasié. Cet animal est tellement féroce, que souvent il dévore ses propres enfants, et déchire leur mère lorsqu'elle veut les défendre. Sa rage ne connaît et ne distingue rien : tous les animaux qu'il peut apercevoir excitent sa fureur et deviennent ses victimes. Il est obligé, comme le lion, de se cacher pour les surprendre ; car il leur inspire à tous une telle frayeur, qu'ils l'évitent autant qu'ils le peuvent et cherchent à lui échapper par la fuite.

Quand il a mis à mort quelques gros animaux, comme un cheval, un buffle, il ne les éventre pas à l'endroit où il les a surpris, s'il craint d'être poursuivi. Pour les dévorer à son aise, il les emporte dans les bois, et il a tant de force, qu'il peut encore courir très-vite, quoiqu'il traîne après lui des fardeaux aussi pesants. Ses pattes sont plus fortes, mais aussi nerveuses que celles du lion. Il fait des bonds prodigieux, comme le chat, qui lui ressemble beaucoup. Il a le corps très-allongé ; les plus grands ont 3^m24^c de longueur. Il n'a pas de crinière ; les poils qui le couvrent ont de 0^m027 à 0^m040 de longueur, excepté sur les côtés de la tête, au-dessous des oreilles, où ils ont jusqu'à 0^m12^c. Ses yeux sont hagards et annoncent la férocité ; sa langue est couleur de sang, et toujours hors de la gueule. Sa tête est plus petite que celle du lion. Sa queue est très-longue et ressemble à celle du chat.

Le tigre fait mouvoir la peau de sa face ; il frémit, il rugit comme le lion ; mais son rugissement est moins fort et plus rauque.

Cet animal ne s'apprivoise jamais. La force ni la douceur ne peuvent venir à bout de le dompter. Les caresses, les violences, les bons et les mauvais traitements ne peuvent rien sur son naturel féroce. Il déchire la main qui le nourrit comme la main qui le frappe. Malgré les grilles derrière lesquelles il est enfermé, il cherche à se précipiter sur tout ce qui se présente ; dès qu'on l'approche, il grince des dents, ses yeux étincellent, et on voit qu'il est toujours prêt à dévorer. Il a trente dents semblables à celles du lion et du chat.

La tigresse est un peu plus petite que le tigre ; mais elle a le même caractère féroce et sanguinaire. Comme la lionne, elle choisit les endroits les plus déserts pour y déposer ses petits. Elle en a ordinairement quatre ou cinq. Tant qu'ils sont avec elle, elle est encore plus furieuse que dans les autres temps. Si on essaie de les lui enlever, sa rage ne connaît aucun danger. Elle poursuit ceux qui les emportent, et souvent ils sont obligés de lui en rendre un, pour éviter les effets de sa colère. Elle s'arrêta et l'emporte pour le mettre à l'abri, et revient, quelques instants après, pour essayer de reprendre les autres. Lorsqu'elle ne peut y parvenir, elle exprime sa douleur par des hurlements affreux qui font frémir tous ceux qui les entendent.

Le tigre n'habite que les pays chauds ; 'on n'en rencontre qu'en Asie et en Afrique. On dit que les Indiens mangent de sa chair et ne ne la trouvent pas mauvaise. Sa peau, quoique assez rare en Europe, n'est pas très-estimée ; on préfère celle du léopard ou de la panthère : elle est de couleur fauve et blanchâtre, avec une teinte jaune dans quelques endroits ; elle est couverte de longues taches noires en forme de raies ou de bandes dirigées en différents sens.

On fait la chasse du tigre à peu près de la même manière que celle du lion. C'est un plaisir que se donnent souvent les souverains de l'Asie et les chefs des peuplades sauvages.

Questionnaire.

Qu'est-ce qu'un quadrupède ? — Que signifie le mot *carnassier* ? — Quel est, après le lion, le plus fort des animaux carnassiers ? — Quel est le plus redoutable des animaux féroces ? —Pourquoi le tigre est-il le plus redoutable ? —Quelles preuves donnez-vous de la férocité de son caractère ? — Qu'est-ce que des animaux domestiques ? — Le tigre craint-il l'homme ? — Quels animaux attaque-t-il ? — Où se place-t-il pour attendre sa proie ? — Qu'est-ce qu'un fleuve ? — Qu'est-ce qu'une rivière ? — Pourquoi le tigre attend-il les animaux sur le bord des fleuves et des rivières ? —Le tigre se contente-t-il de tuer un seul animal ? — Que fait-il lorsqu'il en aperçoit d'autres ? — De quelle manière donne-t-il la mort à ses victimes?—Que leur fait-il d'abord qu'il les a tuées?—Quelle est sa conduite à l'égard de ses propres enfants et de leur mère?—Quel moyen emploie-t-il pour que les animaux plus faibles ne puissent lui échapper? —Quand il a mis à mort quelque gros animal, que fait-il pour pouvoir le dévorer sans être inquiété? — Quelle preuve donne-t-il alors de sa force? —Que savez-vous de ses pattes? — Fait-il aussi des bonds d'une grande étendue? — Avec quel animal a-t-il de la ressemblance? —Quelle est la forme de son corps?—Quelle est sa longueur?—A-t-il une crinière?—Quelle est la longueur de son poil dans les diffé- rents endroits de son corps? — Que savez-vous de ses yeux? — Que signifie le mot *hagard*?—Quelle est la couleur de sa langue? — Comment la porte-t-il? — Sa tête est-elle plus grosse que celle du lion?—Sa queue est-elle longue?—Ne ressemble-t-elle pas à celle d'un autre animal? — Fait-il mou- voir la peau de sa face? — Rugit-il comme le lion? — Son rugissement est-il le même? —Que signifie le mot *rauque?* — Le tigre s'apprivoise-t-il?—Caresse-t-il la main qui le nourrit? — Que fait-il lorsqu'on approche de l'endroit où il est enfermé?—Combien a-t-il de dents? — La tigresse est-elle plus grande que le tigre? —Quel est son caractère?—Combien a-t-elle ordinairement de petits? — Où les dépose-t-elle?— Que fait-elle lorsqu'on essaye de les lui enlever? —Que fait-on lorsqu'on les lui enlève, pour éviter sa colère? — Comment exprime-t-elle sa douleur? —Qu'est-ce que des hurlements? —Quels pays habite le tigre? — Mange-t-on sa chair?—Sa peau est-elle estimée?— Quelle en est la couleur?— Comment fait-on la chasse du tigre?— Qui fait ordinairement cette chasse? — Qu'est-ce qu'un souverain? — Qu'est-ce qu'une peuplade?— Qu'est-ce que des sauvages?

———————————

LE LOUP.

[Planche 3.]

Le loup est un animal carnassier, c'est-à-dire qui ne vit que de chair. Il demeure dans les bois. Pour satisfaire son appétit, il poursuit les animaux sauvages plus faibles que lui, ou il les guette et les attend dans les endroits où ils doivent passer, pour les dévorer. Lorsqu'il n'a pu parvenir à en surprendre, il sort des bois, et quoiqu'il soit très-poltron, il devient hardi par besoin; il brave le danger et vient attaquer, dans les campagnes, les hommes, les femmes, les enfants, les troupeaux. Il s'élance ordinairement, de préférence, sur les animaux qu'il peut emporter aisément, comme les agneaux, les petits chiens, les chevreaux. Souvent il vient rôder la nuit autour des fermes et des bergeries; il gratte la terre, creuse sous les portes, et quand il parvient à pénétrer dans les habitations, il tue tout ce qu'il rencontre, puis il choisit sa proie et il l'emporte.

2.

C'est à raison de sa férocité et des dégâts qu'elle lui fait commettre, que l'homme lui fait partout la guerre. Souvent les habitants des campagnes se réunissent pour le poursuivre ; on le cerne, on l'entoure jusqu'à ce qu'on soit parvenu à l'atteindre, à le terrasser et à le mettre à mort.

Le loup ressemble beaucoup au chien par la forme ; mais il en diffère infiniment par le caractère : ce sont deux ennemis jurés. L'odeur seule du loup fait fuir le chien ; mais il est de gros chiens qui l'attaquent avec courage et quelquefois avec succès. Lorsque ces deux animaux se battent, ils ne se quittent que lorsque l'un des deux est resté mort sur la place.

Le chien est bon, fidèle, courageux, attaché à son maître ; il aime la compagnie des autres animaux, il les suit et souvent les protége. Le loup est lâche, cruel, sauvage ; il vit seul, et ne fait pas même société avec ceux de son espèce. Quand on en voit plusieurs ensemble, c'est pour attaquer quelque gros animal, comme un cerf, un bœuf ou un cheval. Le loup, même quand il a été pris jeune, ne

perd jamais son caractère cruel ni ses habitudes naturelles. A dix-huit mois ou deux ans,
on est forcé de l'enchaîner pour l'empêcher
de s'enfuir et de faire du mal.

Les loups sont si féroces qu'ils se dévorent
entre eux, et lorsqu'un loup a été blessé, les
autres le suivent pour achever de le tuer et
pour le manger.

La louve a ordinairement cinq, six et quelquefois jusqu'à neuf petits. Elle leur prépare
une demeure au fond et dans l'épaisseur des
bois, et leur fait un lit commode avec de la
mousse qu'elle apporte en grande quantité,
après avoir arraché, avec ses dents, les épines
qui pourraient les incommoder. Elle les al-
laite pendant quelques semaines, et leur apprend à manger de la chair, qu'elle leur prépare en la mâchant. Quelque temps après,
elle leur apporte des mulots, des perdrix, des
volailles vivantes; les petits louveteaux commencent par jouer avec elles, et finissent par
les étrangler. La louve les déplume, les écor-
che, les déchire, et en donne une part à chacun. Ils ne sortent de l'espèce de fort où ils
sont nés qu'au bout de six semaines ou deux

mois; ils suivent alors leur mère, qui les mène boire dans quelque tronc d'arbre ou dans quelque mare voisine; elle les ramène au gîte ou les oblige à se cacher ailleurs lorsqu'elle craint quelque danger. Quand on les attaque, elle les défend avec fureur, et elle s'expose à tout pour les sauver. Ils quittent leur mère à l'âge de dix mois ou un an, lorsqu'ils sont capables de pourvoir par eux-mêmes à leur nourriture.

Le loup a beaucoup de force, surtout dans le cou et dans la mâchoire. Il porte, avec sa gueule, un mouton sans le laisser toucher à terre, et court en même temps plus vite que les bergers. Lorsqu'il tombe dans un piége, il est si épouvanté qu'on peut le tuer sans qu'il se défende, ou le prendre vivant sans qu'il ré- siste. Il marche, il court, il rôde des jours en- tiers et des nuits; il est infatigable. Il peut rester quatre ou cinq jours sans manger, pourvu qu'il ait de quoi boire : il a l'œil, l'o- reille et surtout l'odorat très-bons. Il sent les animaux vivants de fort loin, et il leur donne la chasse. Il préfère la chair vivante à la chair morte, et il aime surtout la chair humaine.

Le loup est principalement redoutable lorsqu'il a éprouvé des privations, et qu'il est atteint de la rage : il la communique aux animaux et aux hommes qu'il a blessés par ses morsures.

Il n'y a rien de bon dans cet animal que sa peau, dont les couleurs sont le noir, le fauve, le gris et le blanc ; on en fait des fourrures grossières, qui sont chaudes et durables. Sa chair est si mauvaise qu'elle répugne à tous les animaux, et il n'y a que le loup qui mange volontiers du loup. Il exhale une odeur infecte par la gueule. Désagréable en tout, l'air sauvage, la voix effrayante, le naturel à la fois lâche et féroce, il est odieux, nuisible de son vivant, inutile après sa mort.

Les oreilles du loup sont courtes et droites. Sa hauteur est d'environ 80 centimètres. La durée de son existence est de quinze à vingt ans.

Questionnaire.

Qu'est-ce que le loup? — Où demeure-t-il? — Comment pourvoit-il à sa nourriture? — Quel est son caractère? — Que fait-il quand il est pressé par le faim? — Qui attaque-t-il? — Comment s'y prend-il pour entrer dans les habitations?—Que fait-il lorsqu'il y est entré? — Pourquoi lui fait-on la guerre? — Comment la lui fait-on? — A quel animal le loup ressemble-t-il? — Quel effet produit-il sur le chien? — Y a-t-il des chiens qui attaquent le loup? — Quelle différence y a-t-il entre le caractère du chien et celui du loup? — Lorsque les loups marchent ensemble, dans quelle intention? — Le loup s'apprivoise-t-il aisément, lorsqu'il est pris jeune? — Connaissez-vous quelque trait qui fasse connaître la férocité du loup? — Combien la louve a-t-elle ordinairement de petits? — Comment s'appellent ces petits? — Où et comment leur prépare-t-elle leur lit? — Pendant combien de temps les allaite-t-elle? — Comment les nourrit-elle ensuite? — A quel âge sortent-ils de leur fort? — Que fait-elle quand elle craint quelque danger pour eux? — Que fait-elle quand on les attaque? — A quelle époque quittent-ils leur mère? — Savez-vous quelque preuve de la force du loup? — Quelle est son attitude quand il tombe dans quelque piége? — Se fatigue-t-il aisément? — Pendant combien de jours peut-il rester sans manger? — A-t-il l'œil et l'odorat bons? — Quelle espèce de chair préfère-t-il? — Dans quelle circonstance est-il surtout redoutable? — Qu'y a-t-il de bon dans le loup? — Que fait-on de sa peau? — Que direz-vous de sa chair? — Quelle opinion avez-vous de cet animal? — Que savez-vous de ses oreilles? — Quelle est sa hauteur? — Quelle est la durée de sa vie?

L'OURS.

[Planche 4.]

L'ours fait partie des animaux féroces et carnassiers. Il est farouche et solitaire. On ne le trouve pas dans les pays cultivés ou habités; il fuit surtout le voisinage des hommes. Sa retraite est établie ordinairement dans les forêts les plus épaisses ou dans l'endroit le plus désert des montagnes escarpées. Il fait sa demeure dans une grotte ou dans un vieux tronc d'arbre, et lorsqu'il ne trouve pas de gîte naturel, il ramasse du bois et se fait une loge qu'il recouvre d'herbes et de feuilles.

On distingue plusieurs espèces d'ours. Ils ne sont pas tous aussi dangereux les uns que les autres, et les moins à craindre sont ceux qui ne se nourrissent pas de chair.

La longueur de cet animal est d'environ 1^m60, et sa hauteur d'un mètre. Le long poil qui le couvre lui donne une forme peu gracieuse. Sa tête a quelques rapports avec celle du loup. Ses jambes sont courtes ; ses oreilles sont courtes aussi et arrondies ; sa voix ressemble à un grondement, et un rien l'irrite. On parvient quelquefois à l'apprivoiser, à lui apprendre à se tenir debout, à danser ; mais il faut toujours s'en défier, même quand il paraît doux et tranquille ; on doit surtout éviter de le frapper au bout du nez, car alors il entrerait en fureur.

Sa peau produit une fourrure assez estimée : on en fait des bonnets à poil, des tapis de pieds, des housses de chevaux et des siéges de voiture. Sa chair fournit de bonne huile et de la graisse. Vers la fin de l'automne, il devient si gras qu'il lui est difficile de marcher ; il ne pourrait même pas courir aussi vite qu'un homme : dans cet état, il se retire dans sa tanière sans aucune provision, et il n'en sort pas avant une quarantaine de jours. On assure que, pendant cette retraite, il se livre, la plupart du temps, au sommeil, et que sa seule occupation est de sucer ses pattes, dont il sort un suc blanc laiteux et nourrissant.

L'ours ne craint pas le danger ; il ne fuit pas à la rencontre d'un homme. S'il n'est pas

affamé, il ne se détourne pas de son chemin ;
mais si on l'attaque, si on lui jette une pierre,
il s'arrête, se lève sur ses pattes de derrière et
s'apprête au combat : c'est le moment que
l'on doit choisir pour le tuer à coups de fusil ; mais si on le blesse seulement, il devient
furieux, se jette sur le chasseur, l'embrasse de
ses pattes et l'étouffe.

Ses pieds de devant sont conformés de
manière qu'ils ressemblent grossièrement à
une main d'homme. Il frappe avec ses poings
comme un homme avec les siens. Lorsqu'il a
été poursuivi longtemps et qu'il est près de
succomber à la fatigue, il s'appuie le dos contre un rocher ou contre un arbre, et ramasse
des gazons ou des pierres qu'il jette à ses ennemis. C'est ordinairement dans cette position
qu'il reçoit le coup de la mort.

La durée de la vie de l'ours est de vingt à
vingt-cinq ans.

Les ours rouges, roux ou bruns sont les
plus féroces. Ils sont carnassiers ; on les trouve
dans la Savoie, dans les Alpes, dans les forêts
et dans les déserts.

Les ours noirs sont les moins dangereux.

Ils refusent de manger de la chair; leur nourriture se compose de fruits, de glands et de racines. Le miel et le lait sont des aliments dont ils sont très-friands. Ils habitent les forêts situées au nord de l'Europe et dans l'Amérique.

L'ours blanc se trouve près du rivage des mers du Nord. Il habite souvent en pleine eau, sur des glaçons, et se nourrit principalement de poissons, de morses, de phoques, et même de petits baleineaux. Mais s'il trouve quelque proie sur terre, il s'en accommode fort bien. Il dévore les animaux qu'il peut saisir, et ne craint pas d'attaquer les hommes.

Habitué à l'eau, il s'y jette pour prendre des poissons qu'il voit venir de loin, et qu'il observe de dessus les glaçons. Tant qu'il trouve que la place est favorable pour lui procurer une subsistance abondante, il y reste; mais il arrive souvent que, lorsque les glaçons se détachent, il se trouve emporté en pleine mer, où il périt, ne pouvant regagner la terre.

Les ours blancs de la mer Glaciale deviennent très-gros et très-gras. On en a trouvé qui avaient jusqu'à 3^m 20^c de longueur.

Il y a des ours blancs terrestres dans la Grande-Tartarie, en Russie, en Lithuanie et dans d'autres provinces du Nord, mais ils ne diffèrent des ours blancs ou noirs que par la couleur.

La chasse des ours se fait de diverses manières. Celle que l'on emploie dans le nord de l'Europe est la moins dangereuse. On les enivre en jetant de l'eau-de-vie sur le miel, qu'ils aiment beaucoup et qu'ils cherchent avec avidité. Dans cet état, ils sont faciles à tuer.

Les ours noirs se logent souvent dans de vieux troncs d'arbres ; on les prend en mettant le feu dans leur retraite. Quelquefois ils s'établissent sur le haut d'un arbre, à trente ou quarante pieds de terre, et ils y grimpent avec la plus grande facilité. Si c'est une mère, et qu'on l'attaque, elle descend la première : on la tue avant qu'elle soit à terre ; les petits descendent ensuite, et on les prend en leur passant une corde au cou.

Quand on fait la chasse en grand, chacun des chasseurs doit être muni d'un fusil à deux coups et d'un coutelas. Il faut être accompagné de bons chiens. Cette chasse demande beaucoup d'adresse et de sang-froid. Les chiens commencent le combat, qui ne se termine guère sans que quelques-uns d'eux soient déchirés ou étouffés. Quand l'ours n'est que blessé, il entre en fureur, saisit quelquefois une massue, et s'en sert très-habilement. C'est surtout dans ce moment que les chasseurs doivent éviter de se trouver sur son passage, et s'appliquer à bien diriger leurs balles, afin de l'étendre par terre.

Malgré sa férocité, l'ours est quelquefois susceptible d'attachement. On raconte qu'à Nancy un petit ramoneur ne sachant où se reposer pendant une nuit d'hiver, se glissa, en passant entre deux barreaux, dans la loge d'un ours que l'on y retenait prisonnier. Celui-ci s'aperçut bientôt de la présence de cet enfant et ne lui fit aucun mal. Il le prit en amitié, et le reçut chaque nuit. L'enfant vint à mourir ; dès ce moment, l'ours refusa toute nourriture et mourut aussi.

Mais ces exemples de bonté sont bien rares. On se souvient encore de l'histoire de ce vétéran, qui, ayant cru voir, la nuit, une pièce d'argent dans une des fosses du Jardin du Roi, à Paris, y descendit et fut déchiré par l'ours qui l'habitait. C'était un ours bien connu des enfants. Il s'appelait *Martin;* il était vieux et gourmand; il était facile de le faire monter à l'arbre en lui montrant un gâteau.

Questionnaire.

Qu'est-ce que l'ours? — Quel est son caractère? — Qu'entend-on par les mots *solitaire* et *farouche?* — Qu'est-ce qu'une montagne escarpée? — Qu'est-ce qu'une grotte? — Qu'est-ce qu'un tronc d'arbre? — Qu'est-ce qu'un gite? — Où est établie la retraite de l'ours? — Où fait-il sa demeure? — Que fait-il lorsqu'il ne trouve pas de gite naturel? — De quoi recouvre-t-il sa loge? — Connaît-on plusieurs sortes d'ours? — Sont-ils tous aussi dangereux les uns que les autres? — Quels sont les moins dangereux? — Quelle est la longueur de l'ours? — Quelle est sa hauteur? — Qu'est-ce qui lui donne une forme désagréable? — A quoi ressemble sa tête? — Quelle est la longueur de ses jambes? — Quelle est la longueur de ses oreilles? — A quoi ressemble sa voix? — Parvient-on à l'apprivoiser? — Que lui apprend-on? — Faut-il s'en défier lorsqu'il est apprivoisé? — Que faut-il éviter? — A quoi sert sa peau? — Que fournit sa chair? — Quel est son état vers la fin de l'automne? — Où se retire-t-il? — Qu'est-ce qu'une tanière? — Fait-il des provisions? — Quel est le nombre de jours qu'il passe dans sa retraite? — Qu'y fait-il? — Que contiennent ses pattes? — L'ours craint-il le danger? — Fuit-il à la rencontre de l'homme? — Que fait-il, s'il n'est pas affamé? — Que fait-il si on l'attaque? — Que doit-on faire pour le tuer? — Que fait l'ours s'il n'est que blessé? — Comment ses pieds sont-ils conformés? — Comment frappe-t-il avec les poings? — Que fait-il lorsqu'il a été poursuivi longtemps? — Quelle est la durée de sa vie? — Y a-t-il des ours de diverses couleurs? — Quel est le caractère des ours rouges, roux ou bruns? — Sont-ils carnassiers? — Où les trouve-t-on? — Les ours noirs sont-ils moins dangereux? — Que refusent-ils de manger? — De quoi se compose leur nourriture? — De quoi sont-ils friands? — Quels sont les pays qu'ils habitent? — Qu'entendez-vous par le nord de l'Europe? — Où trouve-t-on les ours blancs? — Où se tiennent-ils ordinairement? — De quoi se nourrissent-ils? — Qu'est-ce que des morses? des phoques? — Qu'est-ce que des baleineaux? — Les ours mangent-ils de la chair? — Attaquent-ils les hommes? — Sont-ils habitués à l'eau? — Qu'est-ce que des glaçons? — Qu'arrive-t-il lorsque les glaçons sur lesquels les ours blancs se sont placés se détachent? — Qu'est-ce que la pleine mer? — Ces ours deviennent-ils gros? — Y a-t-il des ours blancs terrestres? — Où les trouve-t-on? — A quelle espèce d'ours ressemblent-ils? — La chasse des ours se fait-elle de diverses manières? — Quelle est la moins dangereuse? — Comment prend-on les ours noirs? — Où se logent-ils quelquefois? — Si on attaque la mère, que fait-elle? — Que deviennent les petits? — De quoi les chasseurs doivent-ils être muni lorsqu'ils font la chasse en grand? — Qu'est-ce qu'un fusil à deux coups? — Qu'est-ce qu'un coutelas? — Qu'est-ce qui commence le combat? — Cette chasse est-elle dangereuse pour les chiens? — Que font les ours lorsqu'ils ne sont que blessés? — Que saisissent-ils? — Se servent-ils habilement d'une massue? — Que doivent éviter les chasseurs? — A quoi doivent-ils s'appliquer? — L'ours est-il susceptible d'attachement? — En savez-vous quelque exemple? — Ne savez-vous pas aussi quelque trait de férocité de cet animal? — Que dites-vous de l'action de l'ours? — Que pensez-vous de celle du vétéran?

———————

LE CASTOR.

[Planche 5.]

De tous les quadrupèdes, le castor est le plus remarquable par son industrie, vraiment extraordinaire. Il est d'un caractère doux; il a les habitudes des poissons et celles des animaux qui vivent sur terre. Sa nourriture se compose de feuilles, de racines, d'écorces d'arbres; cependant il mange quelquefois des poissons et des écrevisses. Il a beaucoup de répugnance pour la chair et le sang, et cette disposition lui ôte l'idée de faire la guerre aux autres animaux.

Sa longueur est d'environ 0^m 97^c, depuis le museau jusqu'à l'extrémité de la queue. Sa hauteur est de 0^m 32^c.

Sa peau est couverte d'un poil ou plutôt d'un duvet extrêmement fin et si touffu que l'eau ne peut pas le pénétrer. Il est garanti de tout ce qui lui peut nuire par un second poil qui est long, ferme et brillant; c'est la couleur de ce poil qui est celle de l'animal; elle est ordinairement d'un roux-marron. Les castors gris, les noirs et les blancs sont rares. On n'emploie que le premier poil pour faire des fourrures; le second a peu de valeur. Les peaux des castors tués en hiver sont les plus précieuses; celles qui proviennent des castors tués en été sont moins estimées, parce que, dans cette saison, ces animaux sont dans la mue, c'est-à-dire que leurs poils tombent pour être plus tard remplacés par d'autres. Ces dernières peaux s'employaient pour la fabrication des chapeaux; mais, depuis qu'on a imaginé de faire des chapeaux de soie, on a presque cessé d'en fabriquer en castor, parce qu'ils coûtaient beaucoup plus cher et ne duraient pas plus longtemps.

Le castor est de l'espèce des animaux rongeurs. Ses dents sont au nombre de vingt. Il en a quatre que l'on nomme *incisives*, et qui lui servent à travailler, à ronger ou à couper des arbres. Ces dents, à la longue, finissent par s'user; mais la nature, toujours prévoyante, permet qu'elles repoussent, parce qu'elles sont indispensables à l'animal. Dans les plus grandes, comme dans les plus petites choses, on retrouve toujours la bonté infinie de la Providence, dont la paternelle sollicitude s'étend à toutes les créatures.

Quand les castors veulent abattre un gros arbre, ils se réunissent autour du tronc et le coupent à un pied ou à un pied et demi de hauteur de terre. Ils travaillent assis et ils ont en même temps le plaisir de manger de l'écorce fraîche et du bois tendre, dont le goût leur est fort agréable.

Depuis la tête jusqu'aux reins, le castor a beaucoup de rapports avec les autres quadrupèdes; le reste de son corps le rapproche des animaux aquatiques ou qui vivent dans l'eau. Ces deux qualités se font aussi remarquer dans le goût de sa chair, qui est assez bonne lorsque l'animal se nourrit de bois de bouleau.

La queue du castor a $0^m 32^c$ de longueur; elle est ovale; sa plus grande largeur a $0^m 14$; elle est couverte d'écailles; il s'en sert très-adroitement pour transporter des matériaux et comme d'un gouvernail pour se diriger en nageant. Il en fait aussi usage comme d'une truelle, pour maçonner les murs de son habitation. C'est le seul, parmi les quadrupèdes, qui ait la queue plate et couverte d'écailles.

Ses jambes sont très-courtes, principalement celles de devant, qui sont pour lui comme des espèces de mains, dont il se sert avec une adresse remarquable ; chaque pied a cinq doigts. Les doigts des pieds de devant sont séparés ; des nageoires existent aux pieds de derrière.

Sur terre, la démarche du castor paraît gênée, parce que, comme nous venons de le dire, ses jambes de derrière sont conformées plutôt pour nager que pour marcher.

Les castors habitent les pays froids et tempérés. On les trouve dans l'Amérique septentrionale, dans l'Asie et dans les contrées qui sont situées au nord de l'Europe : en Norwége, en Suède, en Pologne, en Russie. On en trouve quelques-uns en France, dans les îles du Rhône; mais, dans ces derniers pays, ils ne se réunissent pas et ne construisent rien.

Leur adresse, pour bâtir les cabanes qu'ils doivent habiter, est digne d'admiration. Pour travailler, ils se réunissent au nombre de deux ou trois cents, dans le mois de juin ou de juillet, près d'une rivière ou d'un lac, et dans un endroit où ils ne craignent pas d'être attaqués. S'ils ont fait choix d'une rivière, ils commencent par élever une construction que l'on nomme *digue*. C'est une espèce de mur qui traverse la rivière d'un bord à l'autre et qui sert à maintenir l'eau à la hauteur qui leur convient, et à former un étang.

Pour faire cette digue, qui a quelquefois jusqu'à 33 mètres de longueur, ils se servent des arbres qui croissent près du lieu de leur bâtisse et surtout de ceux qui, étant sur le bord de la rivière, peuvent y tomber facilement. Ils les scient avec leurs dents incisives; puis, après en avoir coupé les branches, il les amènent à l'endroit où ils doivent être employés. Ces arbres leur servent de pieux ou pilotis qu'ils enfoncent dans toute la longueur de la rivière. Pour faire cette opération, plusieur castors plongent au fond de l'eau et disposent des trous pour y introduire la pointe des pieux, tandis que d'autres travailleurs, s'appuyant sur un très-gros arbre, qu'ils ont d'abord eu le soin de jeter en travers, maintiennent les pieux d'aplomb. Ils forment plusieurs rangs de pilotis; ils les serrent les uns contre les autres et remplissent les intervalles par de petites branches enduites de terre glaise et par de la terre humectée dont ils font un mortier qui durcit et qui rend leur maçonnerie très-solide.

Tous les castors qui composent la peuplade travaillent en commun pour faire cette digue, qui est très-épaisse. Lorsque ce grand ouvrage est achevé, ils se divisent par troupes de dix ou douze individus. Chaque troupe construit son habitation particulière et la dispose selon sa convenance, et toujours près du bord de l'étang. C'est une maisonnette qui est ovale, quelquefois ronde, et qui s'élève en forme de dôme à environ 1^{m} 35^{c} au-dessus de l'eau. Elle est bâtie sur un pilotis. La charpente de cette cabane est composée de branches d'arbres. Les jours sont remplis par de la terre humectée dans laquelle ils mêlent des herbes, de la mousse, des pierrailles et de petits morceaux de bois. Les murs sont très-épais.

On a compté jusqu'à vingt-cinq de ces cabanes rapprochées les unes des autres et formant une espèce de village. Ordinairement il n'y en a pas plus de dix ou douze. Les habitants de ces cabanes ne souffrent pas que des étrangers viennent s'établir dans leurs demeures. Les cabanes contiennent depuis deux jusqu'à trente castors.

L'habitation des castors est toujours maintenue dans le plus grand état de propreté. C'est là qu'ils élèvent leurs petits, qui y restent jusqu'à l'âge de deux ou trois ans.

Dans l'eau et près de leur demeure, les habitants de chaque cabane établissent le magasin qui renferme leur provision de racines, de branchages et d'écorce pour leur nourriture pendant l'hiver. Les habitants d'une cabane ne se permettraient jamais d'aller rien prendre dans les magasins de leurs voisins.

Chacun s'occupe des intérêts de tous. Si quelque castor aperçoit un ennemi, il frappe l'eau d'un grand coup de sa queue, et, à ce signal, tous les autres plongent dans les eaux, ou se réfugient dans leurs cabanes. Beaucoup de ces animaux se bornent à creuser, pour leur habitation, un ou deux terriers près du bord de la rivière.

Maintenant on rencontre peu de ces grandes peuplades de castors, les chasseurs en ayant détruit un nombre considérable.

On a remarqué que les castors ne se réunissaient et n'élevaient des constructions que dans les endroits qui ne sont pas fréquentés par les hommes, et où, par conséquent, ils sont parfaitement tranquilles ; mais en Europe, et dans tous les pays habités, ils sont dispersés, fugitifs ; ils vivent solitaires, ou ils se cachent dans des terriers.

Le castor, lorsqu'on est venu à bout de le prendre, est tranquille et assez familier, mais un peu triste, et il ne perd jamais le désir de recouvrer sa liberté. Il s'attache peu et il s'occupe presque continuellement à ronger les portes de sa prison.

Questionnaire.

Qu'est-ce que le castor ? — Que veut dire le mot industrie ? — Quel est le caractère de cet animal ? — Quelles sont ses habitudes ? — De quoi se compose sa nourriture ? — A-t-il de la répugnance pour certains aliments ? — Fait-il la guerre ? — Quelle est sa longueur ? — Quelle est sa hauteur ? — De quoi sa peau est-elle couverte? — Quelle est la qualité de son poil? — Par quoi est-il garanti? — Quel est le poil qui donne la couleur au castor? — Quelle est la couleur ordinaire du castor? — Y en a-t-il de plusieurs couleurs? — Que fait-on du premier poil? — Quelle est la valeur du second? — Quelles sont les meilleures peaux de castors? — Les peaux des castors que l'on a tués en été ont-elles beaucoup de valeur? — A quoi servent celles dont on ne fait pas de fourrures? — Pourquoi s'en sert-on rarement aujourd'hui pour la fabrication des chapeaux? — A quelle classe d'animaux appartient le castor? — Combien a-t-il de dents? — N'en a-t-il pas d'une espèce particulière? — A quoi lui servent les dents *incisives?* — Pourquoi les appelle-t-on incisives? — Qu'arrive-t-il lorsqu'elles sont usées? — Que font les castors lorsqu'ils veulent abattre un arbre? — A quelle hauteur de terre le coupent-ils? — Dans quelle position travaillent-ils? — Quel plaisir éprouvent-ils en travaillant? — Quelles sont les parties du corps des castors qui ressemblent aux quadrupèdes? — La chair du castor est-elle bonne à manger? — Dans quelles circonstances? — Quelle est la longueur de sa queue? — Quelle en est la forme? — Quelle est sa plus grande largeur? — De quoi est-elle couverte? — A quoi lui sert-elle? — Qu'est-ce qu'une *truelle?* — Les jambes du castor sont-elles longues? — Combien a-t-il de doigts à chaque pied? — Les pieds de devant sont-ils conformés comme ceux de derrière? — Quelle est son allure sur terre? — Pourquoi est-elle gênée? — Quel pays habitent les castors? — Se réunissent-ils et construisent-ils partout où ils se trouvent? — En quel nombre se rassemblent-ils pour travailler en commun? — A quelle époque? — Dans quel endroit? — Quel est leur premier travail? — Qu'est-ce qu'une *digue?* — Pourquoi font-ils une digue? — De quoi se servent-ils pour construire cette digue? — Quels arbres choisissent-ils? — Que font-ils des arbres après les avoir sciés? — A quoi leur servent ces arbres? — Comment les placent-ils? — En placent-ils beaucoup? — Quels sont les autres matériaux qu'ils emploient? — Qu'est-ce que des pieux? — Qu'est-ce qu'un *pilotis?* — Qu'est-ce que de la terre glaise? — Que font les castors après avoir construit la digue? — Que fait chaque troupe de castors? — Comment disposent-ils leur habitation? — Dans quel endroit? — Quelle est sa forme? — Qu'est-ce que la forme ronde? — Qu'est-ce que la forme ovale? — Qu'est-ce qu'un dôme? — Qu'est-ce qu'une maisonnette?—Qu'est-ce qu'une charpente?—Qu'est-ce que de la pierraille?—A quelle hauteur chaque cabane s'élève-t-elle au-dessus de l'eau? — Sur quoi est-elle bâtie? — De quoi se compose la charpente de la cabane? — Dans quel état est maintenue l'habitation? — Où les castors élèvent-ils leurs petits? — Combien de temps les petits restent-ils avec leurs parents? — Où les castors établissent-ils leur magasin? — Que renferme-t-il? — Les castors respectent-ils ce qui appartient à leurs voisins? — Qu'est-ce qu'une peuplade? — Rencontre-t-on beaucoup de peuplades de castors? — Pourquoi sont-elles rares? — Que font les castors qui ne construisent pas? — Les castors se rassemblent-ils et construisent-ils dans tous les pays où ils se trouvent? — Qu'est-ce qu'une construction? — Qu'entendez-vous par les mots *dispersés* et *fugitifs?* — Quels sont les motifs qui les empêchent de se réunir et de construire partout où ils sont? — Quel est le caractère du castor lorsqu'on est venu à bout de le prendre? — Qu'est-ce qu'un animal familier? — Le castor aime-t-il sa liberté? — Que fait-il pour la recouvrer?

LE RENARD.

[Planche 6.]

—

Le renard ressemble beaucoup au chien, mais il a le museau plus pointu, les oreilles plus courtes, la queue beaucoup plus grande et plus touffue, le poil plus long et plus épais; il a aussi la tête plus grosse à proportion de son corps. Il diffère encore du chien, en ce qu'il a une odeur très-forte, et en ce qu'il ne s'apprivoise que très-difficilement. Il a aussi de la ressemblance avec le loup, mais il est plus léger, beaucoup plus petit et moins à craindre. Il n'ose attaquer ni les chiens, ni les bergers, ni les troupeaux.

C'est un animal carnassier et vorace : il mange de tout avec avidité, des œufs, du lait, du fromage, des fruits et surtout des raisins; mais il préfère le gibier, les poules, les coqs et toute espèce de volaille. Lorsqu'il ne peut s'en procurer, il mange des rats, des mulots, des serpents, des lézards, des crapauds, et il en détruit un grand nombre. C'est là le seul bien qu'il fasse. Il est très-friand de miel; il attaque les abeilles sauvages, les guêpes, les frelons, qui tâchent de le mettre en fuite en le perçant à coups d'aiguillon; mais, en se retirant, il se roule pour les écraser, et il recommence à les tourmenter jusqu'à ce qu'il les ait obligés à abandonner le guêpier; alors il le déterre et en mange le miel et la cire. Il prend aussi les hérissons, les roule avec ses pieds et les force à s'étendre; enfin il mange du poisson, des écrevisses, des hannetons, des sauterelles, etc.

Le renard est un animal fin, adroit, prudent; il se creuse dans la terre un asile ou *terrier*, où il se retire quand il est poursuivi, et où il élève ses petits. C'est certainement une grande preuve d'intelligence que de savoir bien choisir le lieu de son habitation, de le creuser, de le rendre commode et d'en cacher l'entrée à tous les regards. Il fait quelquefois sa demeure dans des rochers et sous des troncs d'arbres. Ordinairement il se loge au bord des bois, à peu de distance des villages et des hameaux. De là il entend le chant des coqs et le cri des volailles. Il choisit habilement son temps pendant la nuit ; il se glisse, se traîne pour n'être pas aperçu ; il passe à travers les haies, par-dessus les murailles, par-dessous les portes, entre dans les basses-cours, met à mort tout ce qu'il rencontre, et se retire lestement en emportant sa proie, qu'il a soin de cacher sous de la mousse ou d'emporter à son terrier. Il revient quelques moments après en chercher une autre ; il l'emporte et il la cache de même, mais dans un autre endroit. Il retourne une troisième, une quatrième fois, s'il n'a pas été surpris, jusqu'à ce que le jour paraisse ou qu'il entende quelque bruit ; alors il se retire et ne revient plus. Il va, de très-grand matin, visiter les endroits où l'on a tendu des piéges aux oiseaux, et il emporte ceux qui se sont laissé prendre. Il chasse les jeunes levrauts dans la plaine ; il poursuit les lièvres qui ont été blessés, et il les attrape presque toujours. Il déterre les petits lapereaux dans les garennes : il découvre les nids de perdrix, de cailles, prend la mère sur les œufs, et détruit une quantité prodigieuse de gibier. Tous les oiseaux qu'il prend, lorsqu'il ne les mange pas, il les dépose en différents endroits, surtout au bord des chemins, dans des ornières, dans de la mousse ; il les y laisse quelquefois pendant deux ou trois jours, et sait parfaitement les retrouver lorsqu'il en a besoin.

Nous avons dit plus haut que c'était un animal extrêmement rusé. On en a vu souvent se réunir pour chasser le lièvre et le lapin : l'un poursuit le gibier, en aboyant à peu près comme un chien ; l'autre attend au passage la bête poursuivie, la surprend et partage avec son camarade. Quelquefois il contrefait le mort pour prendre les animaux qui viennent pour le manger.

La chasse du renard est plus facile et plus amusante que celle du loup, elle est aussi moins dangereuse. Tous les chiens ont de la répugnance pour le loup, mais ils chassent le renard avec plaisir. Dès que le renard est poursuivi, il cherche à se réfugier dans son terrier. Des chiens, que l'on appelle *bassets*, s'y introduisent, le font sortir, et l'exposent aux coups de fusil des chasseurs. Quelquefois, si on sait où ce terrier est situé, on le bouche, et le renard est obligé de fuir dans la plaine, où les chiens le suivent et l'atteignent, quoique souvent il parvienne à les fatiguer. Sa morsure est dangereuse : quelquefois on ne vient à bout de lui faire lâcher prise qu'en le frappant à coups de bâton.

Pour détruire les renards, le moyen le plus commode est de tendre des piéges où l'on attache un pigeon ou une volaille vivante. Le renard vient pour dévorer sa proie ; le piége se referme et l'animal est pris ; alors il se laisse aisément tuer, et, de même que le loup, il reçoit la mort sans se plaindre.

On a quelquefois remarqué que le renard, pris dans un piége, se coupait la patte avec les dents pour se sauver.

La voix du renard s'appelle *glapissement ;* c'est une espèce d'aboiement qu'il fait entendre, surtout en hiver, et presque jamais en été.

La femelle du renard a ordinairement quatre ou cinq petits ; elle leur prépare un lit dans son terrier. Lorsqu'elle s'aperçoit que sa retraite est découverte, et qu'en son absence ses petits ont été inquiétés, elle les enlève tous les uns après les autres, et va chercher une autre demeure. Ils naissent les yeux fermés; ils sont, comme les chiens, dix-huit mois ou deux ans à grandir, et vivent aussi treize ou quatorze ans.

La chair du renard est moins mauvaise que celle du loup; les chiens et les hommes en mangent en automne, surtout lorsqu'il s'est nourri et engraissé de raisins.

Sa peau d'été a peu de valeur, parce que son poil tombe et qu'il se renouvelle dans cette saison; celle d'hiver est plus estimée : on en fait de bonnes fourrures. En France, la plupart des renards sont roux; mais il s'en trouve aussi dont le poil est gris argenté. Dans les pays du Nord, il y en a de toutes couleurs, des noirs, des bleus, des gris, des blancs à tête noire, des blancs avec le bout de la queue noir, des roux avec la gorge et le ventre entièrement blancs.

Cet animal se trouve partout, excepté en Afrique et dans les climats très-chauds. Il a environ $1^m 05^c$ de longueur, sur $0^m 37^c$ de hauteur.

Questionnaire.

A quels animaux le renard ressemble-t-il? — Qu'entendez-vous par la ressemblance? — En quoi consistent les différences? — Qu'est-ce que le museau d'un animal? — Montrez-moi celui du renard? — Qu'est-ce qu'une queue touffue? — Qu'entendez-vous par une odeur forte?—Le renard est-il un animal carnassier? — Qu'entendez-vous par le mot vorace? — Qu'est-ce que manger avec avidité? — De quoi le renard se nourrit-il? — Qu'est-ce que des rats, des mulots, des serpents, des lézards, des crapauds? — Qu'est-ce que du miel? — Qu'est-ce qu'être friand? — Qu'est-ce que des abeilles, des guépes, des frelons? — Quelle arme ces insectes ont-ils pour attaquer ou pour se défendre? — Qu'est-ce qu'un guêpier? — Qu'est-ce que de la cire? — Qu'est-ce qu'un hérisson? — Qu'est-ce que des écrevisses, des hannetons, des sauterelles? — Quel est le caractère du renard? — Où habite-t-il? — Qu'est-ce qu'un terrier? — A quoi lui sert-il? — Où le creuse-t-il? — Qu'est-ce qu'un rocher? — Qu'est-ce qu'un tronc d'arbre? — Pourquoi se loge-t-il près des villages? — Qu'est-ce qu'un village? — Qu'est-ce qu'un hameau? — Dans quel moment le renard fait-il sa chasse? — Quelles précautions prend-il pour n'être pas aperçu? — Qu'est-ce qu'une basse-cour? —Le renard y revient-il plusieurs fois? — Que fait-il de sa proie? — Quels animaux chasse-t-il? — Qu'est-ce qu'un levraut? — Qu'est-ce qu'un lapereau? — Qu'est-ce qu'une garenne? — Qu'est-ce qu'une perdrix? — Qu'est-ce qu'une caille? — Que fait le renard du gibier qu'il ne mange pas de suite? — Pourquoi le cache-t-il? — Quelles ruses emploie-t-il pour surprendre le lièvre et le lapin? — La chasse du renard est-elle la même que celle du loup? — Est-elle aussi dangereuse? — Pourquoi l'est-elle moins? — Les chiens aiment-ils la faire? — Que fait le renard quand il est poursuivi? — Quelle espèce de

chiens fait-on entrer dans son terrier? — Qu'est-ce que des
chiens bassets? — Pourquoi sont-ils ainsi nommés? — Que
fait-on encore pour chasser le renard? — Qu'est-ce qu'une
plaine? — Le renard court-il vite? — Sa morsure est-elle dangereuse? —Comment lui fait-on lâcher prise? —Quel est le moyen
le plus commode pour le détruire? — Qu'est-ce qu'un piége?
— Que fait le renard quand il est pris au piége? — Comment
s'appelle la voix du renard? — A quoi ressemble-t-elle? — En
quelle saison la fait-il entendre? — Combien y a-t-il de saisons?
— Quelle est celle pendant laquelle le raisin est mûr? —Combien la femelle du renard a-t-elle ordinairement de petits? —
Où les dépose-t-elle? — Que fait-elle quand sa retraite est découverte? — Ses petits naissent-ils les yeux ouverts? — Combien de temps grandissent-ils? — Combien vivent-ils? — La
chair du renard est-elle meilleure que celle du loup? — En
mange-t-on? — Quelle est l'époque de l'année où elle vaut
mieux, et pour quelle raison? — Quelle valeur a sa peau d'été?
— Pourquoi a-t-elle peu de valeur? — Qu'est-ce qu'une fourrure? —Quelle est, en France, la couleur du renard? —Quelle
est-elle dans les pays du Nord? — Qu'entendez-vous par les
pays du Nord? —Où se trouve le renard? — Quelle est sa
longueur? —Quelle est sa hauteur?

LE CERF.

[Planche 7.]

Le cerf est l'un des plus grands et des plus remarquables des animaux sauvages. On appelle animaux sauvages ceux qui craignent la présence de l'homme, et qui, pour lui échapper, habitent les solitudes éloignées des villes et des villages, se creusent des demeures sous terre, s'enfoncent dans les bois, se réfugient dans les cavernes ou au sommet des montagnes, dont il est difficile d'approcher. Ces animaux sont défiants, craintifs; ils emploient tous leurs moyens, toutes les ressources que la nature leur a fournies pour se mettre en sûreté. Le cerf est de ce nombre. C'est un animal doux, tranquille, mais en même temps très-farouche : aussi prend-il toutes les précautions possibles pour ne pas se laisser surprendre. Il a la vue et l'odorat très-bons, et l'oreille excellente. Lorsqu'il veut écouter, il lève la tête, dresse les oreilles, et alors il entend de fort loin. Avant de sortir du bois où il se cache, il s'arrête pour regarder de tout côté et pour sentir s'il n'y a pas quelqu'un qui puisse l'inquiéter. Il ne se hasarde dans la plaine que lorsqu'il croit n'avoir rien à craindre ; cependant, quelquefois, il s'arrête de loin pour voir passer les voitures, les bestiaux, les hommes, et s'ils n'ont ni armes, ni chiens, il passe son chemin fièrement, avec assurance et sans prendre la fuite. En général, il craint beaucoup plus les chiens que les hommes, et plus il a été poursuivi, plus il est sauvage. Les dangers qu'il a déjà courus augmentent sa timidité.

Le cerf est un très-joli animal. Sa forme est élégante et légère ; sa taille est élancée ; ses jambes sont minces, mais très-nerveuses ; il court avec une grande rapidité. Sa tête est ornée d'un bois qui tombe et repousse tous les ans. La forme de ce bois diffère selon l'âge ; il grandit à mesure que l'animal vieillit.

Le cerf est un des animaux que les chasseurs ont le plus de plaisir à poursuivre. Cette chasse se fait à cheval, au son du cor, et au moyen d'un grand nombre de chiens qui sont dressés à cet exercice, et qui poursuivent le cerf à l'odeur qu'il laisse après lui. Pour leur échapper, il emploie toutes sortes de ruses; il passe et repasse souvent deux ou trois fois par les mêmes endroits; il cherche à se faire accompagner par d'autres bêtes dont l'odeur trompe les chiens, et alors il s'éloigne tout de suite, ou bien il se jette à l'écart, se cache et reste sur le ventre. Lorsque les chiens retrouvent sa trace, ils le poursuivent avec une nouvelle ardeur, et reconnaissent quand il est fatigué. Le pauvre animal, harassé, épuisé, cherche en vain à échapper par de nouvelles ruses. S'il rencontre une rivière, il la traverse à la nage, dans l'espoir de sauver sa vie; mais bientôt, atteint par les chiens, il tâche encore de se défendre en les frappant avec son bois. Ces derniers efforts sont inutiles : il est aussitôt entouré de chasseurs qui lui portent le coup mortel, et qui distribuent ensuite aux chiens, pour les récompenser de leurs efforts, une partie de l'animal, qu'ils mangent avec une grande avidité.

La femelle du cerf se nomme la *biche*. Elle n'a pas de bois sur la tête. Ses petits portent le nom de *faons* jusqu'à l'âge de six mois. Ils ne quittent pas leur mère dans les premiers temps de leur naissance. Lorsque le faon est poursuivi par les chiens, la biche cherche à les éloigner en les attirant à elle. Elle ne craint pas de s'exposer au danger pour en préserver son petit.

En général, les cerfs sont portés à demeurer ensemble et à marcher de compagnie. Ils ne se séparent que lorsque la crainte ou le danger les y force. Dans le mois de décembre et pendant les froids, ils se réunissent dans les parties les plus touffues des bois; ils se tiennent serrés les uns contre les autres et se réchauffent de leur haleine. A la fin de l'hiver, ils se dispersent, se rapprochent du bord des forêts, et vont quelquefois jusque dans les champs de blé.

Le cerf mange lentement : il choisit sa nourriture suivant les saisons. En automne, il vit de glands et de boutons d'arbustes verts; en hiver, lorsqu'il neige, il mange de l'écorce d'arbre, de la mousse, etc.; au printemps, des fleurs et des bourgeons; en été, il se nourrit surtout de seigle, qu'il préfère à tous les autres grains.

Le cerf ne boit guère en hiver, encore moins au printemps; l'herbe tendre et chargée de rosée lui suffit; mais dans les chaleurs et les sécheresses de l'été, il va boire aux ruisseaux, aux mares et aux fontaines.

La chair du faon est bonne à manger; celle de la biche n'est pas absolument mauvaise; mais celle des cerfs a toujours un goût désagréable et fort. Ce que cet animal fournit de plus utile, c'est sa peau et son bois. Sa peau, quand elle est préparée, donne un cuir souple et durable. Son bois s'emploie, par les couteliers, à faire des manches de couteau.

Le cerf vit de trente-cinq à quarante ans. Sa tête augmente en grosseur et en hauteur depuis la deuxième année de sa vie jusqu'à la huitième. Il a, comme le bœuf, le pied fourchu, c'est-à-dire séparé en deux par une large fente. La longueur ordinaire de son corps est d'environ 1^m 95^c, sa hauteur de 1^m 15^c à 1^m 25^c; la longueur des oreilles est de 0^m 24^c. Sa taille légère peut donner une idée de la rapidité de sa course; ses jambes fines, longues et sèches annoncent assez la force avec laquelle il bondit. Lorsqu'il est poursuivi, il saute aisément

par dessus une haie de 2^m à 2^m 30^c d'éléva-
tion. Son bois, qui a quelquefois jusqu'à
0^m 85^c de hauteur, est une arme dangereuse
dont il sait se servir avec succès contre ses
ennemis. La peau du cerf est ordinairement
de couleur fauve, mais il y en a de bruns,
de roux et de blancs : les blancs sont les plus
rares.

Le cerf nage avec une grande facilité; il
traverse aisément de larges rivières.

Questionnaire.

Qu'est-ce que le cerf? — Qu'est-ce que les animaux sauvages? — Que font-ils pour échapper à l'homme? — Qu'est-ce
qu'une solitude? — Qu'est-ce qu'une caverne? — Qu'est-ce que
le sommet d'une montagne? — Comment est-il difficile d'approcher du sommet de certaines montagnes? — Quel est le caractère des animaux sauvages? — Quelles ressources emploient-
ils pour se mettre en sûreté? — Quelle différence y a-t-il entre
les animaux qui ne sont que sauvages et ceux qu'on appelle
féroces? — Que signifient les mots *défiants* et *craintifs?* —
Quel est le caractère du cerf? — Que savez-vous de sa vue, de
son odorat et de son ouïe? — Que fait-il lorsqu'il veut écouter
s'il y a quelque bruit dans son voisinage? — Entend-il de loin?
— Quelles précautions prend-il avant de sortir du bois? —Quand
se hasarde-t-il dans une plaine? — Qu'est-ce qu'une plaine? —
Craint-il plus les hommes que les chiens? — Prend-il toujours
la fuite à l'approche des hommes? — Quels sont les cerfs les
plus sauvages? — Le cerf est-il un joli animal? — Que savez-

vous de sa forme, de sa taille, de ses jambes? —Qu'est-ce qu'une taille élancée? — Le cerf court-il vite? — Que remarque-t-on sur sa tête? — Le bois du cerf tombe-t-il quelquefois? — A-t-il toujours la même forme? —Diffère-t-il selon l'âge de l'animal? —Chasse-t-on le cerf? —Cette chasse est-elle agréable? — Comment se fait-elle? — Comment les chiens reconnaissent-ils les traces de son passage? —Quelles ruses emploie-t-il pour leur échapper? —Qu'est-ce qu'une ruse? —Comment espère-t-il échapper en passant plusieurs fois dans les mêmes endroits? —Quel est son but, en se faisant accompagner par d'autres bêtes? —Que font les chiens lorsqu'ils ont perdu sa trace et qu'ils la retrouvent? —Reconnaissent-ils quand il est fatigué? —Que fait le cerf lorsqu'il est près d'être atteint par les chiens? —Comment se défend-il contre eux? — Que font les chasseurs lorsqu'ils ont atteint le cerf? —Que donnent-ils aux chiens pour les récompenser de leurs efforts? —Comment se nomme la femelle du cerf? —A-t-elle, comme le cerf, un bois sur la tête? —Comment s'appellent ses petits?— Jusqu'à quel âge portent-ils le nom de *faons?* —Que font-ils pendant les six premiers mois de leur naissance? —Lorsqu'ils sont poursuivis, que fait leur mère? —Que dites-vous du dévouement de la mère pour ses petits? —Les cerfs aiment-ils à vivre ensemble? —Marchent-ils en compagnie d'autres cerfs?—Dans quelles circonstances se séparent-ils?— Que font-ils dans l'hiver pour se réchauffer? —Que font-ils à la fin de l'hiver?—Vont-ils quelquefois dans les champs de blé? — Le cerf mange-t-il vite? — Qu'est-ce que des glands? — Qu'est-ce que des arbustes? —Quelle est la nourriture du cerf dans chacune des saisons de l'année? —Combien y a-t-il de saisons dans l'année? —Quelles sont-elles? —Qu'est-ce que des bourgeons? —Qu'est-ce que le seigle? —Peut-on faire du pain avec du seigle? —Quel est le grain que le cerf préfère? —Boit-il autant en hiver qu'en été? —Où va-t-il se désaltérer pendant les grandes chaleurs? —

Qu'est-ce que la rosée? — La chair du faon est-elle bonne à manger? — Et celle de la biche et du cerf? — Que fait-on de sa peau? — Que fait-on de son bois? — Qu'est-ce que du cuir? — Qu'est-ce qu'un coutelier? — Qu'est-ce que le manche d'un couteau? — Quelle est la durée de la vie du cerf? — Sa tête reste-t-elle toujours de la même grosseur? — Depuis quelle époque augmente-t-elle? — Comment le cerf a-t-il le pied fait? — Pourriez-vous citer un autre animal qui ait le pied fait de la même manière? — Quelle est la longueur de ses oreilles? — A quoi peut-on juger de sa légèreté? — Quelle est la hauteur de son bois? — Quel usage en fait-il contre ses ennemis? — Qu'est-ce qu'un ennemi? — Quels sont les ennemis du cerf? — La blessure qu'il fait avec son bois est-elle dangereuse? — Quelle est la couleur de sa peau? — Le cerf nage-t-il bien? — Peut-il nager longtemps?

L'ÉLÉPHANT.

[Planche 8.]

De tous les quadrupèdes, l'éléphant est le plus remarquable par sa taille, sa force, ses formes et son intelligence.

Les plus grands ont jusqu'à $4^m 50^c$ de hauteur; les plus petits ont $3^m 25^c$ à $3^m 55^c$. Il y en a dont le poids est de deux mille cinq cents kilogrammes. On conçoit facilement qu'un aussi énorme animal ébranle la terre sous ses pas, qu'il puisse arracher un arbre; que d'un seul coup de son corps, il puisse renverser un mur, et qu'à lui seul il transporte des fardeaux que six chevaux ne pourraient remuer.

L'éléphant a les yeux très-petits par rapport à son corps, mais ils sont brillants et spirituels; ils ont une remarquable expression de bonté. Il les tourne lentement et avec douceur sur son maître lorsque celui-ci lui parle, il l'écoute avec attention, il semble réfléchir sur ce qu'on lui dit, et examiner avec pénétration les signes auxquels il doit obéir. Il a l'ouïe très-bonne, et les oreilles fort grandes, aplaties contre la tête, comme celles de l'homme; elles sont ordinairement pendantes, mais il les relève et les remue avec beaucoup de facilité. Elles lui servent à essuyer ses yeux, à les garantir de la poussière et des mouches. Il paraît aimer la musique; il apprend aisé- à marquer la mesure et à joindre quelques cris au bruit des tambours et au son des trompettes. Son odorat est exquis, et il aime avec passion les parfums de toute espèce et surtout les fleurs odorantes; il les choisit, il les cueille une à une, il en fait des bouquets, et après en avoir respiré l'odeur, il les porte à sa bouche et semble les goûter.

L'éléphant a, au lieu de nez, une trompe dont il se sert comme de bras ou de main; c'est un long tuyau, percé de deux trous dans toute sa longueur. Il la remue, la raccourcit, l'allonge, la tourne dans tous les sens. Le bout de cette trompe est terminé par un rebord en forme de doigt, avec lequel l'éléphant fait ce que nous faisons avec les nôtres. Il ramasse à terre les plus petites pièces de monnaies; il débouche des bouteilles ; il dénoue les cordes, ouvre et ferme les portes en tournant les clefs et poussant les verrous. C'est avec cette trompe qu'il touche, qu'il flaire et qu'il saisit. Comme l'éléphant a le cou très-court et qu'il ne peut presque pas baisser la tête, sa trompe lui sert à ramasser ce qui est à terre ; c'est par là qu'il prend sa nourriture et même sa boisson, et qu'il la porte jusqu'au fond de son gosier.

Sa nourriture ordinaire se compose de racines, d'herbes, de feuilles et de bois tendres ; il n'aime ni la viande ni le poisson. Il mange non-seulement les feuilles et les fruits de certains arbres, mais même les branches, le tronc et les racines ; et quand il ne peut arracher ces arbres avec sa trompe, il les déracine avec ses défenses. Les défenses sont deux énormes dents recourbées qui lui sortent de la bouche, des deux côtés de la trompe, et qui sont ainsi nommées parce qu'il s'en sert pour se défendre et au besoin pour attaquer. Avec cette arme, il ne craint ni le lion, ni aucun autre animal, et il leur fait souvent les plus terribles blessures.

La taille de ces animaux peut donner une

idée de leur force; les plus grands portent aisément quinze cents ou deux mille kilogr.; les plus petits enlèvent facilement un poids de cent kilogr. avec leur trompe et le placent eux-mêmes sur leurs épaules; ils prennent dans cette trompe une grande quantité d'eau, qu'ils rejettent en haut ou autour d'eux jusqu'à douze pieds de distance. On peut encore juger de leur force par la vitesse de leur marche; quoiqu'ils paraissent très-pesants, ils font, au pas ordinaire, à peu près autant de chemin qu'un cheval au petit trot, et lorsqu'ils courent, ils en font autant qu'un cheval au galop. Les éléphants domestiques font, sans fatigue, quinze ou vingt lieues par jour, au pas, et, quand on veut les presser, ils peuvent en faire jusqu'à trente-cinq ou quarante.

Dans les pays où on utilise les éléphants, ils rendent à leur maîtres autant de services que cinq ou six chevaux, mais il faut les bien soigner et les bien nourrir. On leur donne ordinairement du riz cru ou cuit, mêlé avec de l'eau, et on prétend qu'il leur en faut cent livres par jour. On leur donne aussi de l'herbe pour les rafraîchir; ils en consomment jusqu'à

soixante-quinze kilog. Il faut avoir soin de les
mener à l'eau et les laisser baigner deux à
trois fois par jour. L'éléphant apprend aisément à se laver lui-même; il prend de l'eau
dans sa trompe, il la porte à sa bouche pour
boire, et ensuite, en retournant sa trompe, il
en laisse couler le reste sur toutes les parties
de son corps. Cet animal a un goût extrême
pour la propreté, et quelque grand que soit
son appétit, il a toujours soin de séparer avec
beaucoup d'adresse, au moyen de sa trompe,
les bonnes feuilles d'avec les mauvaises et de
les bien secouer pour qu'il n'y reste point
d'insectes ni de sable. L'usage de l'eau est si
indispensable à l'éléphant, que lorsqu'il est
en liberté, il quitte rarement le bord des rivières, il se met dans l'eau jusqu'au ventre,
et il y passe quelques heures tous les jours.
On croirait qu'à cause de son poids énorme,
l'éléphant doit nager difficilement; c'est pré-
cisément le contraire. Il enfonce moins dans
l'eau que les autres animaux, et, au moyen
de sa trompe, qu'il redresse en l'air et par
laquelle il respire, il n'a pas la crainte d'être
submergé. Il nage donc fort bien, et on s'en

sert utilement pour le passage des rivières.

Pour donner une idée des services qu'il peut rendre, il suffira de dire que, dans l'Inde, on voyage fréquemment sur son dos, qu'il peut porter plusieurs personnes à la fois, et qu'il ne fait presque jamais de faux pas; que tous les tonneaux, sacs, paquets, qui se transportent d'un endroit à un autre, dans ce pays, sont voiturés par des éléphants. Ils peuvent porter des fardeaux sur leurs corps, sur leur cou, sur leurs défenses, et même avec leur gueule, en leur présentant le bout d'une corde qu'ils serrent avec les dents. Joignant l'intelligence à la force, ils ne cassent et n'endommagent jamais rien de ce qu'on leur confie. On a remarqué que la parure leur plaisait beaucoup, et que, lorsqu'on place sur eux des ornements brillants ou de riches étoffes, ils en témoignent de la joie et sont plus caressants. Ceux qui sont ainsi harnachés et qui sont au service des princes témoignent du mépris pour ceux qu'on n'emploie qu'à des travaux pénibles. Ils aiment beaucoup le vin, l'eau de vie et les liqueurs fortes. On leur fait faire les choses les plus difficiles en leur montrant un vase ou une bouteille remplie d'une de ces sortes de liqueurs et en la leur promet-tant pour récompense ; mais il ne faut pas les tromper ou leur manquer de parole, car ils s'en souviennent longtemps et finissent par se venger tôt ou tard. Un des moyens qu'ils em-ploient est de remplir d'eau leur trompe et de la lancer au visage de ceux dont ils ont à se plaindre. Ils paraissent aimer beaucoup la fumée du tabac, mais elle les étourdit et leur fait mal. Il craignent toutes les mauvaises odeurs, et ils ont une si grande horreur pour le cochon, que le seul cri de cet animal suffit pour les faire fuir à une grande distance. Ils détestent aussi le chameau et ne cessent de donner des signes d'impatience et de mau-vaise humeur lorsqu'il se trouve dans leur voisinage.

La forme des pieds et des jambes de l'élé-phant n'est pas moins singulière que tout le reste de l'animal. Les jambes de devant pa-raissent plus hautes que celles de derrière, et cependant elles sont un peu plus courtes ; elles ressemblent plutôt à des colonnes qu'à des jambes. Ses pieds courts et petits sont

partagés en cinq doigts dont aucun ne se voit
au dehors, et qui sont tous recouverts par la
peau. La peau de l'éléphant est d'un gris cen-
dré ou d'une couleur noirâtre qui se rapproche un peu de celle de l'ardoise, et qui
souvent devient plus ou moins blanche; elle
est très-épaisse et n'est pas garnie de poils
comme chez les autres quadrupèdes; il a seulement quelques soies sur la trompe, aux
paupières et derrière la tête. Tout son corps
est comme gercé et ridé. Sa queue est courte;
elle n'a pas plus de deux pieds et demi à
trois pieds de longueur; elle est pointue et
terminée par une touffe de gros poils si durs
qu'un homme ne pourrait les casser avec la
main.

L'éléphant sauvage n'est ni sanguinaire ni
féroce; il est d'un naturel doux et jamais il
n'abuse de ses armes ou de sa force; il ne les
emploie que pour se défendre. On le voit rarement solitaire. Il vit ordinairement dans la
société de ses semblables. Le plus âgé con-
duit la troupe; le plus vieux après lui marche
le dernier; les plus jeunes et les plus faibles
se placent au milieu des autres; les mères

portent leurs petits dans les cas de danger, et les tiennent embrassés dans leur trompe.

Quelquefois les éléphants viennent en troupes ravager les terres cultivées. Comme ils sont ordinairement nombreux et que leur corps est d'un poids énorme, ils ont bientôt dévasté toute une campagne. Pour les empêcher d'approcher, on fait du bruit, on bat du tambour et on allume de grands feux; mais on ne réussit pas toujours à les effrayer par ce moyen. La meilleure manière de les surprendre et de les arrêter, c'est de leur lancer des pétards et des feux d'artifice : on parvient ainsi plus sûrement à les mettre en fuite.

Les chasseurs n'osent attaquer que ceux qui s'écartent ou qui s'égarent ; car on ne pourrait lutter contre une troupe entière sans s'exposer à perdre beaucoup de monde. Lorsqu'un éléphant est attaqué par un homme, il va droit à lui, et quoiqu'il soit fort lourd, son pas est si grand qu'il atteint aisément l'homme le plus léger à la course ; il le perce de ses défenses, ou, le saisissant avec sa trompe, il le lance comme une pierre et achève de le tuer en l'écrasant avec ses pieds; mais ce n'est que dans le cas où il est provoqué, car il ne fait aucun mal à ceux qui ne le cher- chent pas.

On parvient à le prendre en creusant sur son passage des fosses assez profondes pour qu'il n'en puisse plus sortir quand il y est tombé. On s'en empare encore en construi- sant une enceinte dans laquelle on place un éléphant privé ; on l'oblige à jeter un cri qui attire les autres. Dès que l'un d'eux est entré dans l'enclos, on en ferme la porte et l'ani- mal est prisonnier. Lorsqu'il se voit ainsi en- fermé, il entre en fureur ; on lui jette des cordes pour l'arrêter ; on lui en met aux jambes et à la trompe ; on essaie de l'attacher à deux ou trois éléphants privés, qui le frap- pent avec leur trompe lorsqu'il veut faire ré- sistance ; enfin, on vient à bout de le dompter en peu de jours en le caressant et en le pri- vant de nourriture ; mais il faut ordinairement cinq ou six mois pour l'apprivoiser et le dres- ser au travail.

Lorsque l'éléphant est bien dompté, il de- vient le plus doux, le plus obéissant de tous les animaux ; il s'attache à celui qui le soigne, et qu'on appelle le *cornac,* il le caresse avec sa trompe ; il semble deviner tout ce qui peut lui plaire. En peu de temps, il comprend les signes de son maître et même le son de sa voix. Il reconnaît fort bien quand son maître est satisfait ou quand il est en colère. On lui apprend à fléchir les genoux pour donner plus de facilité à ceux qui veulent le monter, à saluer avec sa trompe les personnes qu'on lui fait remarquer ; en un mot, on parvient aisément à lui enseigner toutes sortes de gentillesses. On a vu des éléphants témoigner la plus vive douleur en perdant leur cornac, et n'en vouloir pas souffrir d'autre. On en a vu aussi mourir de chagrin pour avoir tué leur maître dans un moment de colère.

Les défenses de l'éléphant ont quelquefois 3ᵐ 25ᶜ de long, et pèsent jusqu'à 60 kilogrammes. Elles fournissent l'*ivoire* qu'on emploie à tant d'usages différents, et qui, par ce motif, a toujours beaucoup de prix dans le commerce. L'ivoire est blanc lorsqu'on l'emploie ; mais il devient toujours jaune avec le temps.

L'éléphant ne se trouve qu'en Asie et en Afrique. Il ne peut supporter le froid, et il souffre aussi de l'excès de la chaleur. Pour éviter la trop grande ardeur du soleil, il s'enfonce autant qu'il peut dans les forêts les plus épaisses pour s'y reposer à l'ombre. On croit que, lorsqu'il est en liberté, il peut vivre jusqu'à deux cents ans. Ceux que l'on retient prisonniers dans les ménageries, en Europe, vivent beaucoup moins longtemps.

Questionnaire.

Qu'est-ce que l'éléphant? — En quoi est-il surtout remarquable parmi les quadrupèdes? — A quelle taille parviennent les plus grands éléphants? — Quelle est la taille des plus petits? — Quel est le poids de certains de ces animaux? — Savez-vous quelques preuves de sa force? — Ses yeux sont-ils grands? — Qu'ont-ils de particulier? — Quelle est leur expression lorsqu'il les tourne sur son maître? — Que fait-il quand son maître lui parle? — A-t-il l'ouïe bonne? — A-t-il les oreilles grandes? — Quelle est leur forme? — L'éléphant les tourne-t-il facilement? — A quoi lui servent-elles? — L'éléphant aime-t-il la musique? — Que lui apprend-on? — A-t-il l'odorat bon? — Aime-t-il certaines odeurs? — Quand il rencontre des fleurs, qu'en fait-il? — Qu'est-ce que la trompe de l'éléphant? — A quoi lui sert-elle? — Comment la fait-il mouvoir? — Comment est-elle terminée? — L'éléphant se sert-il de sa trompe avec adresse? — Pourquoi ne ramasse-t-il pas ce qui est à terre avec sa bouche comme les autres animaux? — Quelles sont les choses remarquables et difficiles qu'il peut faire avec sa trompe? — Comment l'éléphant porte-t-il sa nourriture à sa bouche?

—Comment boit-il? — De quoi se compose ordinairement sa nourriture? — Aime-t-il la viande et le poisson? — Comment fait-il pour déraciner les arbres? — Quelle est la forme de ses défenses? — D'où partent-elles? — Pourquoi sont-elles ainsi nommées? — Sont-elles redoutables pour les autres animaux? — Quel fardeau les éléphants peuvent-ils porter sur leur dos? — Quel poids enlèvent-ils avec leur trompe? — A quelle hauteur peuvent-ils rejeter l'eau qu'ils prennent dans leur trompe? — L'éléphant, qui est très-grand et très-lourd, marche-t-il vite? — Comment peut-il faire autant de chemin au pas qu'un cheval au trot? — Combien les éléphants peuvent-ils faire de lieues par jour? — Quels services peuvent-ils rendre? — Comment faut-il les nourrir? — Que leur donne-t-on pour leur nourriture, et en quelle quantité? — Comment les rafraîchit-on? — L'éléphant aime-t-il l'eau? — Est-il nécessaire de le baigner? — Se lave-t-il lui-même? — Comment s'y prend-il? — Aime-t-il la propreté? — Citez une preuve de son goût pour la propreté? — Où se tient ordinairement l'éléphant? — Pourquoi séjourne-t-il sur le bord des rivières? — S'y baigne-t-il tous les jours? — Nage-t-il bien? — Peut-on voyager sur son dos? — Peut-il porter plusieurs personnes? — A-t-il le pied sûr? — Donnez-moi une idée des services qu'il peut rendre? — De quelle manière porte-t-il les fardeaux? — Font-ils ces transports avec intelligence? — Aiment-ils la parure? — Comment leur reconnaît-on ce goût? — Aiment-ils le vin et les liqueurs fortes? — Quel moyen emploie-t-on pour leur faire faire des travaux pénibles? — Lorsqu'on leur a promis une récompense, faut-il leur tenir parole? — Qu'arrive-t-il lorsqu'on les trompe? — S'en souviennent-ils et s'en vengent-ils? — Savez-vous quelques-uns des moyens qu'ils emploient pour s'en venger? — Aiment-ils la fumée du tabac? — Quel effet produit-elle sur eux? — Craignent-ils les mauvaises odeurs? — Aiment-ils le cochon? — Quel effet produit sur eux le cri de cet animal?

5.

— Aiment-ils le chameau? — Que font-ils quand ils se trouvent dans son voisinage? — Quelle est la forme des pieds et des jambes de l'éléphant? — Quelles sont celles des jambes de l'éléphant qui paraissent le plus hautes? — Quelles sont celles qui le sont réellement? — A quoi ressemblent-elles? — Quelle est la forme de ses pieds et comment sont-ils partagés? — Quelle est la couleur de la peau de l'éléphant? — Est-elle épaisse? — Est-elle garnie de poils? — Quelles sont les parties de son corps sur lesquelles on en remarque? — Quel aspect a le corps de l'éléphant? — A-t-il la queue longue? — Quelle en est la dimension? — Quelle en est la forme? — Comment se termine-t-elle? — Les poils qu'on y remarque sont-ils durs? — L'éléphant sauvage est-il féroce? — Est-il disposé à abuser de sa force? — A quoi l'emploie-t-il? — Aime-t-il la société de ses semblables? — Quand ils marchent plusieurs ensemble, comment la troupe est-elle dirigée, et dans quel ordre marche-t-elle? — Les éléphants commettent-ils quelquefois des dégâts dans les terres cultivées? — Quels moyens emploie-t-on pour les empêcher d'approcher? — Quelle est la meilleure manière de les mettre en fuite? — Quels sont les éléphants que les chasseurs attaquent? — Pourquoi ne les attaquent-ils pas quand ils marchent en troupes? — Que fait l'éléphant quand il est attaqué par un homme? — Comment se défend-il contre son adversaire? — Cherche-t-il à nuire quand on ne l'attaque pas? — Comment parvient-on à le prendre? — Y a-t-il plusieurs manières de s'en emparer? — Faites-les connaître? — Vient-on aisément à bout de le dompter? — Comment s'y prend-on? — Combien faut-il de temps pour l'apprivoiser et le dresser au travail? — Quel est le caractère de l'éléphant lorsqu'il est dompté; — S'attache-t-il à celui qui le soigne? — Par quel nom désigne-t-on l'homme qui prend soin de l'éléphant? — L'éléphant connaît-il bien les signaux et le son de la voix de son cornac? — Sait-il juger quand celui-ci est satisfait, ou quand il est en colère? — Ne peut-on pas enseigner certaines choses à l'éléphant? — Quelle est la longueur de ses défenses, et quel en est le poids? — Qu'est-ce que l'*ivoire*, et d'où provient-il? — Quelle est la couleur de l'ivoire? — Quelle est la durée de la vie de l'éléphant? — Quels sont les pays qui lui conviennent et où il vit le plus longtemps? — Le froid lui est-il contraire? — L'extrême chaleur le fait-elle souffrir? — Quel moyen emploie-t-il pour s'en garantir? — Vit-il aussi longtemps quand il est prisonnier que lorsqu'il est en liberté?

L'AIGLE.

[Planche 9.]

—

L'homme et les animaux à quatre pattes ne peuvent que marcher et courir sur la terre. Il ne leur serait pas possible de rester en l'air pendant une seule minute. Il faut que leurs pieds posent quelque part et qu'ils aient constamment un point d'appui. Il n'en est pas de même des oiseaux : au moyen des ailes que la nature leur a données, ils peuvent s'élever en l'air à une très-grande hauteur et s'y soutenir pendant un temps plus ou moins long. Il en est qui volent pendant plusieurs heures de suite sans venir toucher la terre. Lorsqu'ils veulent s'élever, ils étendent leurs ailes, ils les agitent et en frappent l'air qui les soutient; ils les ploient lorsqu'ils veulent descendre et s'abattre. Il y a des quadrupèdes qui courent avec une grande vitesse, mais cette rapidité n'est rien en comparaison du vol des oiseaux. Le cerf, par exemple, ne peut faire plus de quarante lieues en un jour ; il y a des oiseaux qui font jusqu'à vingt lieues dans une heure ; un très-bon cheval n'en fait pas plus de quatre dans le même espace de temps. Cette facilité des oiseaux à parcourir si rapidement de si grandes distances tient d'abord à la nature et à l'arrangement de leurs plumes dont les tuyaux sont creux, dont la surface est très-grande et la substance très-légère ; elle tient aussi à la forme de leurs ailes, qui est arrondie en dessus et creuse en dessous, et à la force qui les fait agir avec beaucoup plus de vitesse et de facilité que l'homme ne peut remuer ses bras. Au moyen de ces ailes, dont l'étendue est trois à quatre fois plus grande que celle du corps, l'oiseau n'a besoin que de les déployer et de les agiter par de légers mouvements pour se soutenir en l'air ; aussi voit-on beaucoup d'oiseaux profiter de cette faculté pour entreprendre et exécuter des voyages de plusieurs centaines de lieues. A l'approche de l'hiver, les hirondelles et d'autres oiseaux voyageurs se transportent tous les ans, en sept ou huit jours, à plus de mille lieues. On voit souvent des pigeons parcourir un trajet de quatre-vingt-dix lieues en sept ou huit heures.

De tous les sens des oiseaux, la vue est le plus parfait, et en cela, comme en tout, on reconnaîtra que Dieu a fait toutes choses pour le mieux. Comme ils peuvent parcourir, dans un temps très-court, un très-grand espace, il faut bien qu'ils puissent en juger l'étendue ; sans cela ils seraient exposés à chaque instant à se heurter contre des objets qu'ils n'auraient pas aperçus.

Après la vue, l'ouïe est le sens qui a le plus de perfection dans les oiseaux ; on le voit par la facilité avec laquelle quelques-uns répètent des sons, des airs et même des paroles ; on le voit aussi par le plaisir qu'ils ont à chanter et à gazouiller continuellement. Les serins retiennent des airs tout entiers, qu'on leur apprend au moyen d'instruments appelés *serinettes*. On verra, à l'article du perroquet, avec quelle facilité cet oiseau répète les cris, les chants, les mots qu'il a plusieurs fois entendus. En général, ce sont les plus petits oiseaux qui ont la voix la plus mélodieuse, comme le rossignol, la fauvette, la linotte ; les plus gros ont presque toujours le cri rauque, perçant et désagréable.

Parmi les oiseaux, comme parmi les quadrupèdes, il y en a qui sont carnassiers, c'est-à-dire qui ne vivent que de chair, et d'autres qui ne se nourrissent que de graines et de fruits. Certaines espèces subsistent de poissons, et quelques-unes d'insectes.

Tous les oiseaux sont sujets à la *mue*, c'est-à-dire que leurs plumes tombent et se renouvellent tous les ans. Lorsque ce changement arrive, la plupart sont souffrants et malades ; il en est même qui en meurent. La mue a ordinairement lieu vers la fin de l'été et en automne.

Il y a quelques oiseaux qui ne peuvent voler et qui sont réduits à marcher ; l'autruche est de ce nombre. Il y en a qui volent et qui nagent, mais qui ne peuvent marcher ; il y en a qui ne marchent ni ne nagent ; enfin, il en est un grand nombre qui ne se plaisent que sur l'eau, comme les oies, les canards, les cygnes, etc.

Après ces notions générales sur la nature

des oiseaux, nous allons parler de quelques espèces en particulier.

De même que l'on a appelé le lion le *roi des animaux*, on a surnommé l'aigle le *roi des oiseaux*. Il mérite ce titre par sa force, par son courage, par son caractère. Il a le bec et les ongles crochus et redoutables. Sa figure répond à son naturel : indépendamment de ses armes, il a le corps robuste, les jambes et les ailes très-fortes, les os fermes, la chair dure, les plumes rudes, l'attitude fière, les mouvements brusques et le vol très-rapide. De tous les oiseaux, c'est celui qui s'élève le plus haut. Il vole parfois jusqu'au dessus des nuages.

L'aigle a un grand nombre de rapports avec le lion. Cet oiseau de proie a, par sa force, la même supériorité sur les oiseaux que le lion sur les quadrupèdes. Il méprise les petits animaux. Il ne se nourrit que du gibier qu'il prend lui-même; il ne le mange presque jamais en entier, et il laisse, comme le lion, les restes aux autres bêtes. Comme le lion aussi, il vit seul et ne permet pas à d'autres oiseaux de chasser dans son voisinage. Il a les yeux étincelants et à peu près de la même couleur que ceux du lion, les ongles de la même forme, le cri également effrayant.

Sa vue est excellente; son odorat est moins bon que celui du vautour. Lorsqu'il a saisi sa proie, il la pose à terre avant de l'emporter, comme pour bien juger de son poids. Lorsqu'il est très-chargé, il a quelque peine à s'élever de terre. Il emporte aisément les oies; il enlève aussi les lièvres et même les petits agneaux et les chevreaux. Lorsqu'il attaque les veaux et les faons, il se rassasie de leur chair et de leur sang à l'endroit même où il les a surpris, et il emporte ensuite une partie des restes dans son nid.

On a remarqué, dans le nord de l'Europe, un singulier moyen que les aigles emploient quelquefois pour s'emparer des bestiaux. L'aigle plonge dans la mer, et lorsque ses plumes sont bien trempées d'eau, il se roule sur le rivage jusqu'à ce que ses ailes soient couvertes du sable qui s'attache après elles. Alors il prend son vol, s'élance dans les airs, plane au-dessus du bœuf qu'il a choisi, s'approche de lui, et lui envoie, en secouant tout son corps, une pluie de sable et de petits cailloux dont les yeux de la pauvre bête sont presque aveuglés. En même temps l'aigle lui porte de violents coups d'aile qui achèvent de l'effrayer. L'animal, épouvanté, ne sachant d'où vient l'ennemi qui l'attaque, s'enfuit plein de rage, et court de tout côté jusqu'à ce qu'il tombe épuisé de fatigue, ou qu'il se jette dans un précipice qu'il n'a pu apercevoir : alors l'aigle s'abat sur sa victime et la déchire.

Le nid de l'aigle s'appelle une *aire*. Il est tout plat et non pas creux comme celui des autres oiseaux. Il le place ordinairement entre deux rochers, dans un endroit sec et dont il est difficile d'approcher. On assure que le même nid sert à l'aigle pendant toute sa vie. C'est, en effet, un ouvrage assez solide pour durer longtemps. Il est construit à peu près comme un plancher, avec de petites perches ou bâtons de cinq ou six pieds de longueur, appuyés par les deux bouts et traversés par des branches d'arbres recouvertes de joncs et de bruyères. Ce plancher ou ce nid a plusieurs pieds de largeur; il est assez ferme non-seulement pour soutenir l'aigle, sa famille et ses petits, mais pour supporter aussi le poids d'une

grande quantité de vivres ; il n'est pas couvert
par en haut, et n'est abrité que par des parties de rocher. La femelle de l'aigle dépose
ses œufs dans le milieu de cette aire ; elle n'en
pond que deux ou trois, et elle les couve, dit-
on, pendant trente jours. Il n'y a ordinairement qu'un ou deux aiglons dans un nid.
Lorsqu'ils commencent à être assez forts pour
voler et pourvoir eux-mêmes à leur nourriture, le père et la mère les chassent au loin,
sans leur permettre de jamais revenir.

Le plumage des aiglons est d'abord blanc,
ensuite d'un jaune pâle, et devient plus tard
d'un fauve assez vif. Les aigles redeviennent
blancs par suite de vieillesse, de maladies, de
privation de nourriture et d'une longue capti-
vité. On dit qu'ils vivent plus de cent ans, et
qu'ils ne meurent pas seulement de vieillesse,
mais de l'impossibilité où ils sont de prendre
de la nourriture, parce qu'avec l'âge leur bec
se recourbe si fort qu'il leur devient inutile.
On a remarqué qu'on pouvait les nourrir avec
toute sorte de viande ; ils mangent très-bien
du pain, des serpents, des lézards, etc.

On ne peut parvenir à apprivoiser l'aigle

que lorsqu'on le prend tout petit, et encore il n'est jamais assez doux pour que sa colère ne soit pas à craindre, même pour son maître. Lorsqu'il n'est pas apprivoisé, il mord cruellement les chats, les chiens et les hommes qui veulent l'approcher. Il jette de temps en temps un cri aigu, perçant et lamentable. Il boit très-rarement, et on croit même qu'il ne boit pas du tout lorsqu'il est en liberté, parce que le sang de ses victimes suffit pour le désaltérer.

La femelle de l'aigle est plus forte que le mâle : elle a jusqu'à $1^m 12^c$ de longueur, depuis le bout du bec jusqu'à l'extrémité des pieds, et plus de $2^m 60^c$ d'envergure, c'est-à-dire de largeur, lorsque ses ailes sont déployées. Elle pèse huit et même neuf kilogrammes; le mâle ne pèse guère que six kilogrammes. Tous deux ont le bec très-fort et assez semblable à de la corne bleue. Leurs ongles sont noirs et pointus; le plus grand a quelquefois jusqu'à $0^m 13^c$ de longueur. La patte de l'aigle, comme celle de tous les autres oiseaux de proie, se nomme *serre;* elle est d'une force extraordinaire.

L'aigle dont nous venons de parler est de la grande espèce. On le trouve dans les pays chauds et tempérés : on en rencontre en France, en Allemagne ; il y en a aussi en Asie et en Afrique, mais pas en Amérique.

Il y a deux autres espèces d'aigles qui diffèrent, sous plusieurs rapports, du précédent : ce sont l'aigle commun et le petit aigle. Ils sont beaucoup moins grands et moins forts. Leur plumage est noir, ou brun, ou tacheté. L'aigle commun préfère les pays froids et se trouve dans les deux continents. Le petit aigle est moins courageux que les autres ; il s'apprivoise plus aisément. On le trouve partout, excepté en Amérique.

Questionnaire.

L'homme peut-il se soutenir en l'air ? — Pourquoi ne le peut-il pas ? — En est-il de même des oiseaux ? — Comment peuvent-ils s'élever en l'air ? — Peuvent-ils s'y soutenir longtemps ? — Que font-ils lorsqu'ils veulent s'envoler ? — Que font-ils lorsqu'ils veulent descendre et s'abattre ? — Les oiseaux volent-ils plus vite que les quadrupèdes ne courent ? — Citez un quadrupède qui court très-vite ? — Combien peut-il faire de lieues en un jour ? — Combien certains oiseaux peuvent-ils faire de lieues en une heure ? — Et un cheval ? — Qu'est-ce qui donne aux oiseaux la facilité de voler si vite ? — Quelle est la nature de leurs plumes ? — Quelle est la forme de leurs ailes ? — Comment s'en servent-ils? — Font-ils de longs voyages? — Citez un oiseau qui fasse de ces voyages. — Pourquoi l'hirondelle s'éloigne-t-elle à l'approche de l'hiver? — Savez-vous quelque chose de la vitesse des pigeons? — De tous les sens des oiseaux, quel est le plus parfait? — Pourquoi Dieu leur a-t-il donné une vue si perçante? — Après la vue, quel sens a le plus de perfection chez les oiseaux? — Comment le savez-vous? — Qu'est-ce qu'une serinette? — Pourquoi a-t-on nommé ainsi cet instrument? — Que savez-vous du perroquet? — Quels sont les oiseaux qui ont la voix la plus harmonieuse? — Citez-en quelques-uns. — Qu'est-ce qu'une voix harmonieuse? — Quels sont les oiseaux dont la voix est la moins agréable? — Y a-t-il des oiseaux carnassiers? — Y en a-t-il qui ne le soient pas? — De quoi se nourrissent-ils? — Qu'est-ce que la mue? — Quand a-t-elle lieu? — Quel effet produit-elle sur les oiseaux? — Y a-t-il des oiseaux qui ne peuvent voler? — Y en a-t-il qui ne peuvent marcher? — Y en a-t-il qui ne marchent ni ne nagent? — En connaissez-vous qui ne se plaisent que sur l'eau?

Savez-vous quel est le roi des oiseaux? — Pourquoi l'appelle-t-on le roi des oiseaux? — Comment a-t-il le bec et les ongles? — Que savez-vous de son corps? de ses jambes? de ses ailes? de sa chair? — de ses plumes? de son attitude? de son vol? — Jusqu'à quelle hauteur s'élève-t-il? — Connaissez-vous un animal avec lequel il ait certains rapports? — Quels sont-ils? — De quoi se nourrit-il? — Mange-t-il tout le gibier qu'il prend? — Que fait-il de ce qu'il laisse? — Vit-il en société? — Laisse-t-il chasser d'autres animaux dans son voisinage? — Quelle est la couleur de ses yeux? — Qu'ont-ils de remarquable? — Quelle est la forme de ses ongles? — Quelle est la nature de son cri? — Que savez-vous de sa vue et de son odorat? — Que fait l'aigle lorsqu'il a saisi sa proie? — S'élève-t-il facilement de terre lorsqu'il est chargé? — Quels sont les animaux qu'il peut emporter dans son aire? — Peut-il emporter les veaux et les faons? — Pourquoi ne le peut-il pas? — Que fait-il lorsqu'il les attaque? — Que fait-il de leurs restes! — Connaissez-vous quelque moyen employé par les aigles pour s'emparer des bestiaux! — Comment s'appelle le nid de l'aigle? — Quelle en est la forme? — Où le place-t-il ordinairement? — Ce nid dure-t-il longtemps? — Comment est-il construit? — Que savez-vous de sa largeur et de sa solidité? — Est-il couvert par en haut? — Comment est-il abrité? — Où la femelle de l'aigle dépose-t-elle ses œufs? — Combien en pond-elle? — Pendant combien de temps les couve-t-elle? — Combien y a-t-il ordinairement d'aiglons dans un nid? — Que deviennent-ils, lorsqu'ils sont en état de pourvoir eux-mêmes à leur nourriture? — Quelle est la couleur du plumage des aiglons? — Cette couleur change-t-elle? — Quelles sont les causes qui font blanchir les aigles? — Comment peut-on les nourrir? — L'aigle s'apprivoise-t-il? — Comment y parvient-on? — Est-il encore dangereux quand il est apprivoisé? — Quand il n'est pas apprivoisé, que fait-il lorsqu'on veut l'approcher? — Boit-il souvent? — Parmi les aigles, quel est le plus gros du mâle ou de la femelle? — Quelle est la longueur de la femelle? — Qu'est-ce qu'on appelle envergure? — Quelle est la dimension de celle de l'aigle femelle? — Combien pèse cet oiseau? — Que savez-vous du bec de l'aigle? — Quelles sont la couleur et la longueur de ses ongles? — Comment se nomme la partie de la patte avec laquelle il saisit les objets? — La serre de l'aigle est-elle forte? — Quelle est l'espèce d'aigle dont nous parlons? — Où la trouve-t-on? — Y en a-t-il d'autres espèces? — En quoi diffèrent-elles de la précédente? — Où les rencontre-t-on?

LE PERROQUET.

[Planche 10.]

Le perroquet est un oiseau remarquable par la beauté et la variété de son plumage, et par la facilité avec laquelle il imite les sons de la voix de l'homme.

Les perroquets naissent en Asie, en Afrique et en Amérique. On ne voit en Europe que ceux qui y ont été apportés par les voyageurs.

On distingue un grand nombre d'espèces de perroquets, différentes par la taille, les couleurs, la forme, les ornements.

Il y a de ces oiseaux qui sont de la grosseur d'un pigeon ; d'autres sont plus petits, d'autres plus grands ; mais ces derniers ne dépassent pas quinze à seize pouces de longueur.

Les perroquets ont le vol lourd et pesant, ce qui ne leur permet pas de franchir un grand espace. Leur bec, qui est arrondi, a beaucoup de force. Cet oiseau casse aisément des noyaux de fruits rouges; il ronge le bois et fausse même les barreaux de sa cage, pour peu qu'ils soient faibles. Il se sert de son bec plus que de ses pattes pour se suspendre et s'aider en montant; il s'appuie dessus en descendant comme sur un troisième pied.

Le perroquet porte à son bec ses aliments avec ses doigts; il présente le morceau de côté et le ronge à l'aise. Sa nourriture se compose de presque toutes les sortes de fruits et de graines. Lorsqu'il est apprivoisé, il mange de la plupart de nos aliments. Il aime la viande, mais elle lui est contraire et lui donne une maladie par suite de laquelle il suce et ronge ses plumes. Il mange avec beaucoup de plaisir du pain trempé dans le vin ou dans le café.

On croit que les amandes amères font mourir les perroquets. Le persil, pris même en petite quantité, et qu'ils semblent aimer beaucoup, leur est funeste. Dès qu'ils en ont mangé, il coule de leur bec une liqueur épaisse et gluante, et ils meurent ensuite en moins d'une heure ou deux.

Les perroquets sont sujets à plusieurs maladies, surtout lorsqu'ils sont privés de leur liberté. Ils vivent assez longtemps ; la durée ordinaire de leur vie est de vingt à trente ans.

Ces oiseaux font, en général, leurs nids dans des creux d'arbres. Le perroquet gris, que l'on trouve en Afrique, fait cependant son nid en terre. Les nègres, pour prendre les petits, enfoncent dans le trou un long bâton garni d'étoupes ; l'oiseau pour se défendre, présente les serres (ce sont les pieds des oiseaux de proie), et s'empêtre dans la filasse, de manière qu'on le retire aisément avec le bâton.

Le perroquet que l'on nomme *aras* est un des plus beaux. Sa tête est couverte de plumes du rouge le plus éclatant : il en est de même du cou et de la partie supérieure de son corps. Le dessus de la queue est rouge dans le milieu et bleu sur les côtés. Les longues plumes des ailes sont bleues aussi ; les épaules sont vertes, nuancées de jaune ; la poitrine et le ventre sont d'un rouge brun très-riche.

Il y a beaucoup d'autres perroquets de couleurs différentes, qui, tous, sont très-beaux aussi. On en voit qui sont distingués par une huppe ou touffe de plumes, dont la couleur varie selon les espèces.

En Amérique, les personnes qui font le commerce de ces oiseaux ont trouvé le moyen de varier et de rendre plus riches les belles couleurs qui parent leur plumage. Elles font tomber goutte à goutte, dans les petites plaies qu'elles font aux jeunes perroquets, en leur arrachant des plumes, le sang d'une gre- ouille d'une espèce particulière; les plumes qui renaissent changent de couleur, et de vertes ou jaunes qu'elles étaient, deviennent orangées, couleur de rose ou panachées. Les perroquets auxquels on a fait cette opération se nomment perroquets *tapirés*.

Mais ce n'est pas seulement parce que le perroquet a un beau plumage qu'il attire notre attention, c'est aussi parce qu'il peut répéter les mots que les hommes prononcent. Cependant il ne doit cet avantage qu'à la ma- nière dont la nature l'a formé; car cette faci- lité est chez lui purement machinale. Il n'a pas plus d'intelligence que les autres oiseaux; c'est pourquoi l'on appelle perroquet un en- fant qui parle beaucoup ou qui répète sa leçon sans comprendre le sens des paroles qu'il prononce.

Les perroquets, de même que les autres oiseaux susceptibles d'imiter la voix humaine, écoutent plus volontiers et répètent plus aisément la parole des enfants. C'est le soir, après leur repas, qu'il convient mieux de leur donner leçon, parce qu'ils sont alors plus attentifs.

De tous les perroquets, c'est celui que l'on nomme *Jaco* qui parle le mieux et le plus facilement. Ce perroquet vient d'Afrique; on l'a ainsi appelé, parce que le mot *Jaco* est celui qu'il aime le mieux à prononcer. Tout son corps est d'un beau gris de perle et d'ardoise, un peu plus blanc au ventre; sa queue est d'un très-beau rouge de vermillon; son bec est noir; ses pieds sont gris. Il semble imiter de préférence la voix des enfants, et on a aussi reconnu que les enfants lui apprenaient plus facilement à parler. Il siffle avec beaucoup plus de force et de netteté que l'homme; ses sons sont tellement perçants, qu'on en est souvent étourdi. Il imite aussi tellement bien la voix de l'homme, qu'il arrive fréquemment qu'on s'y trompe. On peut juger de son désir d'imiter par l'attention avec laquelle il écoute, et par l'effort qu'il fait pour répéter. Il gazouille sans cesse quelques-uns des mots qu'il vient d'entendre, et souvent on est étonné de lui en voir répéter qu'on n'avait pas pris la peine de lui apprendre. Il y en a qui veulent répéter des paroles sur certains petits airs ; mais ils chantent faux, et comme ils ne comprennent pas ce qu'ils disent, ils s'arrêtent presque toujours au milieu de leur chanson. Quelquefois, cependant, ils parlent assez à propos, et répondent juste à ce qu'on leur demande. On rapporte qu'un perroquet de cette espèce, qui appartenait au roi Henri VIII, étant tombé dans la Tamise, appela les bateliers à son secours, comme il avait entendu les passagers les appeler du rivage ; on alla à lui, et il fut sauvé. Ils savent parfaitement imiter le rire aux éclats. On raconte qu'un certain perroquet à qui on disait : *Riez, perroquet, riez*, riait effectivement, et l'instant d'après s'écriait : *O le grand sot qui me fait rire!* On demandait à un autre perroquet qui habitait la chambre d'un malade : *Qu'as-tu, perroquet? qu'as-tu?*

6.

et il ne manquait jamais de répondre d'un ton plaintif : *Je suis malade.* Ils retiennent fort bien les jurons, et beaucoup de personnes ont le tort de leur en apprendre. Ils imitent parfaitement tous les bruits qu'ils entendent, les cris des enfants, ceux des animaux, le miaulement du chat, les aboiements du chien et les cris des oiseaux; ils contrefont les ramoneurs, les marchands d'habits et la plupart des cris des rues. Ils disent à merveille : *Peau de lapin, habits, galons, haut-en-bas,* etc. Ils appellent les domestiques avec le même son de voix que le maître. Plus on fait de bruit autour d'eux, plus ils s'animent et plus ils crient. Il en est qui babillent la nuit en rêvant. Quelquefois ils parlent à eux-mêmes; ils se disent : *Donne la patte, Jaco;* et en même temps ils allongent la patte comme si on la leur demandait. Presque tous les perroquets savent dire : *As-tu déjeuné, Jaco? oui, oui, — et de quoi? — du rôt.* Ce sont là les choses qu'on leur dit le plus ordinairement.

Au moyen de cette imitation de la parole, le perroquet est une espèce de société pour l'homme. On l'aime parce qu'il distrait et qu'il amuse. Quand on est seul, c'est une compagnie. On lui parle, il répond ; il crie, il rit, il appelle. Ses petits mots surprennent quelquefois par leur justesse.

Le perroquet a l'œil assuré, la contenance ferme et quelquefois l'air dédaigneux. Il semble qu'il soit fier de son beau plumage. Malgré ses imperfections, il montre de l'attachement ; mais il n'est pas prodigue de son amitié, c'est-à-dire qu'il s'attache à peu de personnes : celles qui lui sont indifférentes ne doivent pas se permettre trop de familiarité envers lui ; car il a les moyens, en les mordant cruellement, de les faire repentir de leur confiance.

Il est même assez sujet à prendre certaines gens en aversion ; mais c'est quelquefois le souvenir de quelques méchancetés qu'on lui aurait faites, ou qu'on aurait faites aux personnes qu'il aime, qui cause cette disposition. Il a aussi beaucoup d'éloignement pour les individus qui ont la voix criarde ; il se laisse, au contraire, toucher par ceux qui ont la voix douce.

Questionnaire.

Qu'est-ce que le perroquet? — Qu'entend-on par le mot *remarquable?* — Par le mot *variété?* — Et par le mot *plumage?* — Où naissent les perroquets? — Qu'est-ce que l'Asie? — Qu'est-ce que l'Afrique? — Qu'est-ce que l'Amérique? — Par qui sont apportés les perroquets que l'on voit en Europe? — Qu'est-ce que l'Europe? — Y a-t-il plusieurs espèces de perroquets? — Quelle est leur grosseur? — Quelle est leur plus grande longueur? — Volent-ils légèrement? — Peuvent-ils franchir un grand espace? — Qu'entend-on par le mot franchir? — Quelle est la forme du bec des perroquets? — Que peuvent-ils casser avec ce bec? — De quoi se servent-ils pour se suspendre et s'aider en montant? — A quoi leur sert le bec lorsqu'ils veulent descendre? — Avec quoi portent-ils les aliments à leur bec? — De quoi se nourrissent-ils? — Que mangent-ils lorsqu'ils sont apprivoisés? — Que préfèrent-ils? — La viande leur est-elle contraire? — Quelle est la nature de la maladie qu'elle leur cause? — Aiment-ils le vin et le café? — Quel effet les amandes amères produisent-elles aux perroquets? — Aiment-ils le persil? — Cette plante leur fait-elle du mal? — Que sort-il de leur bec quand ils en ont mangé? — Qu'arrive-t-il ensuite aux perroquets? — Ces oiseaux sont-ils sujets à plusieurs maladies? — Dans quels cas surtout sont-ils malades? Vivent-ils longtemps? — Où font-ils leurs nids? — Qu'est-ce qu'un nid? — Où le perroquet gris fait-il son nid? — Comment les nègres prennent-ils cet oiseau? — Qu'est-ce que les nègres? — Quel est le nom d'un des plus beaux perroquets? — Quelles sont les couleurs de l'*aras?* — Y a-t-il des perroquets de plusieurs autres couleurs? — Par quoi sont distinguées quelques espèces de perroquets? — Qu'est-ce qu'une huppe? — Que font, en Amérique, les personnes qui se livrent au commerce des perroquets! — Quel moyens emploient-elles pour varier les couleurs de ces oiseaux? — Comment nomme-t-on les perroquets dont on a varié le plumage? — Le perroquet attire-t-il l'attention par autre chose que par sa beauté? — A quoi doit-il l'avantage de prononcer des mots? — De quelle nature est cette faculté? — A-t-il plus d'intelligence que les autres animaux? — Dans quelle circonstance appelle-t-on perroquet un enfant? — Quelles sont les personnes que les perroquets écoutent plus volontiers? — A quel moment doit-on leur donner leçon? — Pourquoi choisit-on le soir? — Quel est le nom du perroquet qui parle le mieux? — D'où vient ce perroquet? — Pourquoi l'appelle-t-on *Jaco?* — Quelle est la couleur de son corps? — Qu'entendez-vous par les mots gris de perle et gris d'ardoise? — Qu'est-ce qu'une perle? — Qu'est-ce qu'une ardoise? Quelle est la couleur de la queue du *Jaco?* — Qu'est-ce que le vermillon? — Quelle est la couleur du bec de cet oiseau? — Et celle de ses pattes? — Quelle est la voix qu'il imite de préférence? — Qu'est-ce qui lui apprend le mieux à parler? — Siffle-t-il bien? — Son sifflement est-il perçant? — Imite-t-il assez bien la voix de l'homme pour qu'on puisse s'y tromper? — Savez-vous quelque anecdote à cet égard? — Les perroquets savent-ils chanter? — S'arrêtent-ils quelquefois au milieu de leur chanson? — Pourquoi n'achèvent-ils pas? — Leur arrive-t-il quelquefois de répondre juste à ce qu'on leur demande? — Est-ce par intelligence ou par hasard? — Savent-ils imiter le rire aux éclats? — Pourriez-vous raconter quelque chose à ce sujet? — Retiennent-ils bien les jurons? — Qu'est-ce qu'un juron? — Est-ce bien d'apprendre aux perroquets à jurer? — Savez-vous ce que les perroquets imitent bien et les cris qu'ils aiment à contrefaire? — Que font-ils quand il y a beaucoup de bruit autour d'eux? — Babillent-ils la nuit? — Se parlent-ils à eux-mêmes? — Citez-en un exemple. — Que disent presque tous les perroquets?—En quoi le perroquet devient-il une espèce de société pour l'homme? — Que raconte-t-on d'un perroquet de cette espèce? — Qu'est-ce qu'un rivage? — Quel est le maintien ou la contenance d'un perroquet? — Quel air affecte t-il? — Est-il susceptible d'attachement? — S'affectionne-t-il à beaucoup de personnes? — Les personnes que cet oiseau n'aime pas doivent-elles être familières avec lui?

FIN.

TABLE DES MATIÈRES.

Paris. — Imprimerie de Gustave GRATIOT, 30, rue Mazarine.